高等职业教育规划教材

荣获中国石油和化学工业优秀出版物奖（教材奖）

中文版AutoCAD 2009实用教程

江道银 主编
杨 诚 张 莉 副主编

化学工业出版社
·北京·

AutoCAD 软件是通用的计算机辅助设计(Computer Aided Design，CAD)软件，具有易于掌握、使用方便等优点，能够绘制二维图形与三维图形、标注尺寸、渲染图形以及打印输出图纸。

本书是 AutoCAD2009 的中文版教程，共分为 AutoCAD 软件认识、二维平面图形绘制、三维实体建模三个教学课题，平面图形绘制课题通过七个实例主要介绍了 AutoCAD 2009 工作界面、命令的执行方式、构建选择集、图形的组织与管理、精确绘图方法等基础知识，通过工作任务驱动的方式讲解 AutoCAD 平面绘图命令和编辑命令；三维实体建模课题通过两个实例由浅入深地介绍三维实体的生成和编辑方法。

本书内容简明扼要，条理清楚，通俗易懂，实践性强，可作为高职高专机械、电子、土木等相关专业的教材，也适合从事产品设计与加工的工程技术人员自学。

图书在版编目 (CIP) 数据

中文版 AutoCAD 2009 实用教程/江道银主编. —北京：化学工业出版社，2010. 3 (2022. 1 重印)
高等职业教育规划教材
ISBN 978-7-122-07455-3

Ⅰ. 中…　Ⅱ. 江…　Ⅲ. 计算机辅助设计-应用软件，AutoCAD 2009-高等学校：技术学院-教材　Ⅳ. TP391.72

中国版本图书馆 CIP 数据核字（2010）第 003640 号

责任编辑：李　娜　高　钰　江百宁　　装帧设计：史利平
责任校对：宋　玮

出版发行：化学工业出版社（北京市东城区青年湖南街 13 号　邮政编码 100011）
印　　装：北京七彩京通数码快印有限公司
787mm×1092mm　1/16　印张 9½　字数 239 千字　2022年 1月北京第 1 版第 10 次印刷

购书咨询：010-64518888　　售后服务：010-64518899
网　　址：http://www.cip.com.cn
凡购买本书，如有缺损质量问题，本社销售中心负责调换。

定　　价：30.00 元

前　言

AutoCAD 是由美国 Autodesk 公司开发的通用计算机辅助设计(Computer Aided Design，CAD)软件，具有易于掌握、使用方便、体系结构开放等优点，能够绘制二维图形与三维图形、标注尺寸、渲染图形以及打印输出图纸，目前广泛应用于机械、电子、土木、建筑、航空、航天、轻工、纺织等专业领域。

掌握和应用 AutoCAD 软件对于高职高专院校的学生来说是十分必要的，学生不仅要掌握软件的基本功能，更重要的是结合专业，学会利用这一工具解决专业中的实际问题。编者结合多年的课程教学经验和 AutoCAD 认证培训体会，编写了这本适用于高职高专层次的 AutoCAD 教材。与同类教材相比，本书具有以下特点。

1．在编写方式上采用工作任务驱动的方式 ，以典型案例为主线来组织内容，将任务所需要的基础知识、绘图命令、编辑命令融合在一起，突破了传统教材章节的约束。

2．在内容上，体现工学结合的特点，突出实用性，图文并茂，紧跟软件更新步伐，以最新版本软件为基础，教材内容全面、新颖。

3．在编写原则上，做到理论知识浅显易懂，将绘图和编辑命令的多个功能选项以表格的方式来体现，清晰明了。

本书由合肥通用职业技术学院江道银任主编，安徽滁州职业技术学院杨诚、合肥通用职业技术学院张莉任副主编，安徽交通职业技术学院邱静、安徽新华学院石玉、合肥通用职业技术学院洪伟参与教材的编写。

本教材在编写过程中得到了合肥通用职业技术学院陈立同志和美的集团冰箱事业部周布华的关心和支持，提出了许多宝贵的意见和建议，此外，邹积德、张荣花、房菁、张海涛、桂瑞峰等同志对本书的编写也做了大量工作，在此对他们表示衷心的感谢。

由于编者水平有限，本书难免存在不足之处，诚恳希望广大专家、读者批评指正。

编者

2009 年 12 月

目　录

课题一　认识 AutoCAD

任务一　阶梯轴零件的绘制

一、任务与要求

新建一个 AutoCAD2009 绘图文件，进行绘图环境的设置，绘制如图 1-1 所示阶梯轴。

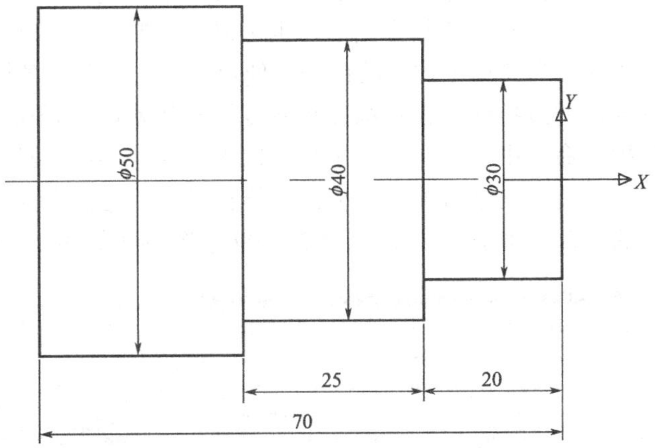

图 1-1　阶梯轴

本次任务通过阶梯轴零件的绘制介绍计算机辅助设计软件绘图的一般过程和 AutoCAD 2009 打开和保存、绘图界面的基本设置。

二、相关知识点

1. **了解** AutoCAD

AutoCAD 是由美国 Autodesk 公司开发的通用计算机辅助设计(Computer Aided Design，CAD)软件，具有易于掌握、使用方便、体系结构开放等优点，能够绘制二维图形与三维图形、标注尺寸、渲染图形以及打印输出图纸，目前已广泛应用于机械、建筑、电子、航天、造船、石油化工、土木工程、冶金、地质、气象、纺织、轻工、商业等领域。

AutoCAD 2009 与 AutoCAD 先前的版本相比，它在性能和功能方面都有较大的增强，同时保证与低版本完全兼容，它的启动图标见图 1-2。

AutoCAD 自 1982 年问世以来，已经经历了十余次升级，其每一次升级，在功能上都得到了逐步增强，且日趋完善。也正因为 AutoCAD 具有强大的辅助绘图功能，因此，它已成为工程设计领域中应用最为广泛的计算机辅助绘图与设计软件之一。它主要有以下几项基本功能。

图 1-2　AutoCAD2009 启动图标

（1）绘制与编辑图形

AutoCAD 的“绘图”菜单中包含有丰富的绘图命令，使用它们可以绘制直线、构造线、多段线、圆、矩形、多边形、椭圆等基本图形，也可以将绘制的图形转换为面域，对其进行填充。如果再借助于“修改”菜单中的修改命令，便可以绘制出各种各样的二维图形。

对于一些二维图形，通过拉伸、设置标高和厚度等操作就可以轻松地转换为三维图形。使用“绘图”→“建模”命令中的子命令，用户可以很方便地绘制圆柱体、球体、长方体等基本实体以及三维网格、旋转网格等曲面模型。同样再结合“修改”菜单中的相关命令，还可以绘制出各种各样的复杂三维图形。AutoCAD 2009 绘图界面如图 1-3 所示。

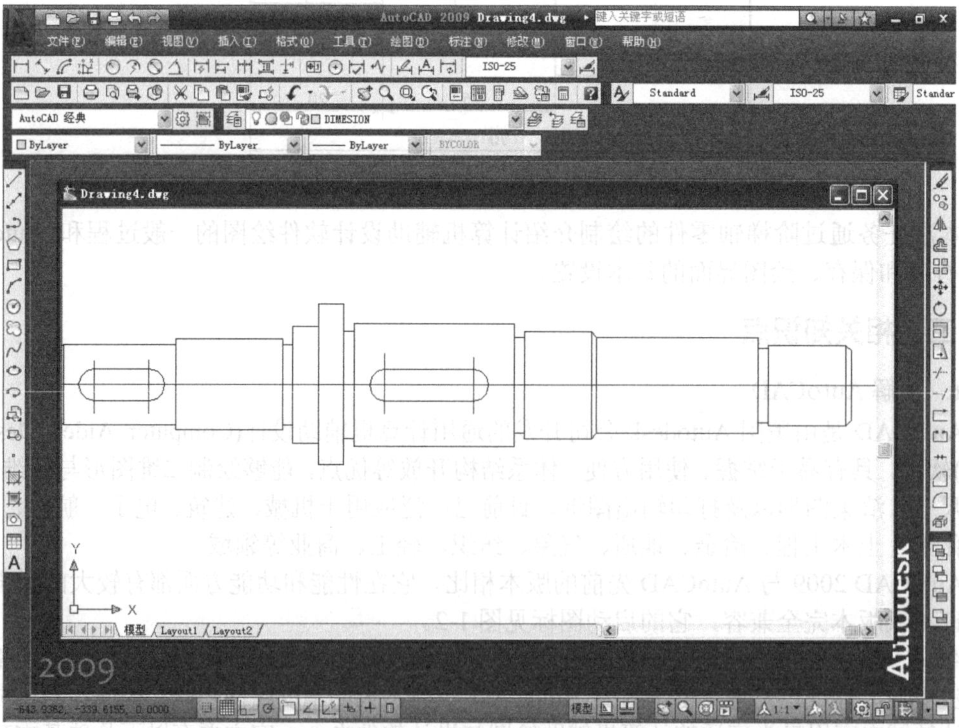

图 1-3　AutoCAD2009 绘图界面

（2）标注图形尺寸

尺寸标注是向图形中添加测量注释的过程，是整个绘图过程中不可缺少的一步，如图 1-4 所示。AutoCAD 的“标注”菜单中包含了一套完整的尺寸标注和编辑命令，使用它们可以在图形的各个方向上创建各种类型的标注，也可以方便、快速地以一定格式创建符合行业或项目标准的标注。标注显示了对象的测量值，对象之间的距离、角度，或者特征与指定原点的距离。在 AutoCAD 中提供了线性、半径和角度三种基本的标注类型，可以进行水平、垂直、对齐、旋转、坐标、基线或连续等标注。此外，还可以进行引线标注、公差标注以及自定义粗糙度标注。标注的对象可以是二维图形或三维图形。

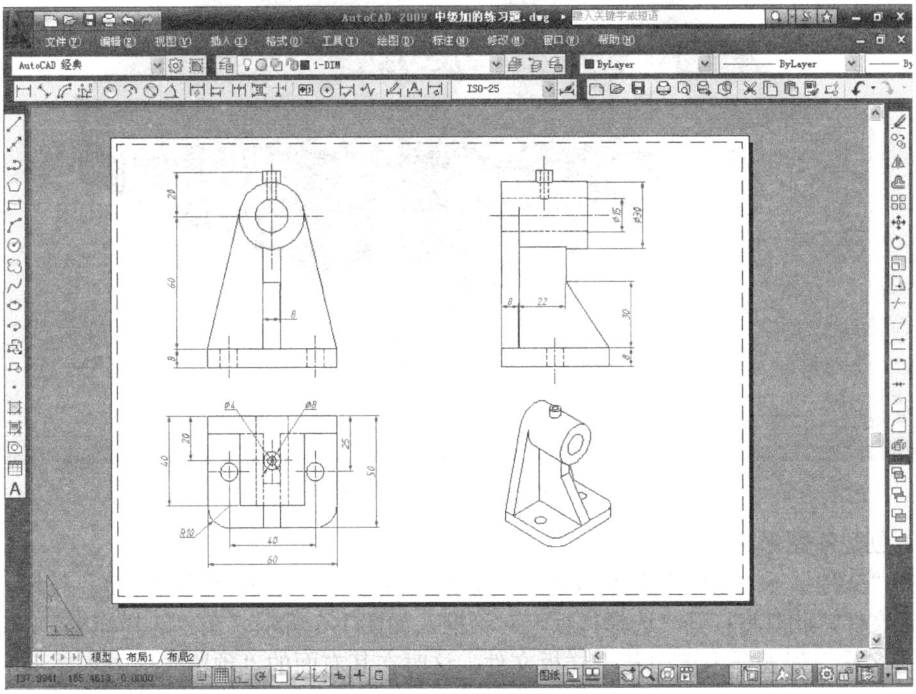

图 1-4　AutoCAD 尺寸标注

（3）渲染三维图形

在 AutoCAD 中，可以运用雾化、光源和材质，将模型渲染为具有真实感的图像，如图 1-5 所示。如果是为了演示，可以渲染全部对象；如果时间有限，或显示设备和图形设备不能提供足够的灰度等级和颜色，就不必精细渲染；如果只需快速查看设计的整体效果，则可以简单消隐或设置视觉样式。图 1-5 所示为使用 AutoCAD 进行照片级光线跟踪渲染的效果。

（4）输出与打印图形

AutoCAD 不仅允许将所绘图形以不同样式通过绘图仪或打印机输出，还能够将不同格式的图形导入 AutoCAD 或将 AutoCAD 图形以其他格式输出。因此，当图形绘制完成之后可以使用多种方法将其输出。例如，可以将图形打印在图纸上，或创建成文件以供其他应用程序使用。

2. **AutoCAD 2009 打开和保存**

在 AutoCAD 2009 中，图形文件管理包括创建新的图形文件、打开已有的图形文件、关闭图形文件以及保存图形文件等操作。

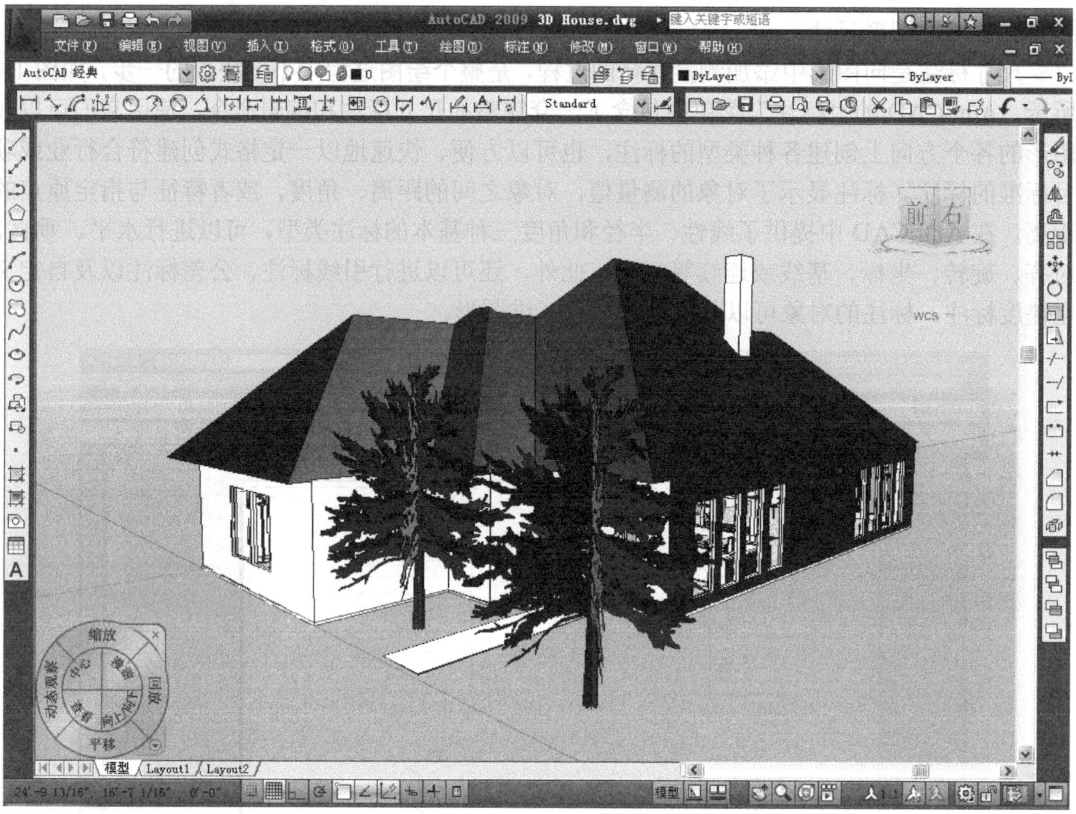

图 1-5　AutoCAD 三维渲染

（1）创建新图形文件

选择“文件”→“新建”命令(NEW)，或在“标准”工具栏中单击“新建”按钮，可以创建新图形文件，此时将打开“选择样板”对话框，如图 1-6 所示。在“选择样板”对话框中，可以在“名称”列表框中选中某一样板文件，这时在其右面的“预览”框中将显示出该样板

图 1-6　样板文件

的预览图像。单击“打开”按钮，可以以选中的样板文件为样板创建新图形。

（2）打开图形文件

选择“文件”→“打开”命令(OPEN)，或在“标准”工具栏中单击“打开”按钮，可以打开已有的图形文件，此时将打开“选择文件”对话框（图 1-7）。选择需要打开的图形文件，在右面的“预览”框中将显示出该图形的预览图像。默认情况下，打开的图形文件的格式为.dwg。在 AutoCAD 中，可以以“打开”、“以只读方式打开”、“局部打开”和“以只读方式局部打开”4 种方式打开图形文件。当以“打开”、“局部打开”方式打开图形时，可以对打开的图形进行编辑，如果以“以只读方式打开”、“以只读方式局部打开”方式打开图形时，则无法对打开的图形进行编辑。如果选择以“局部打开”、“以只读方式局部打开”打开图形，这时将打开“局部打开”对话框。可以在“要加载几何图形的视图”选项组中选择要打开的视图，在“要加载几何图形的图层”选项组中选择要打开的图层，然后单击“打开”按钮，即可在视图中打开选中图层上的对象。

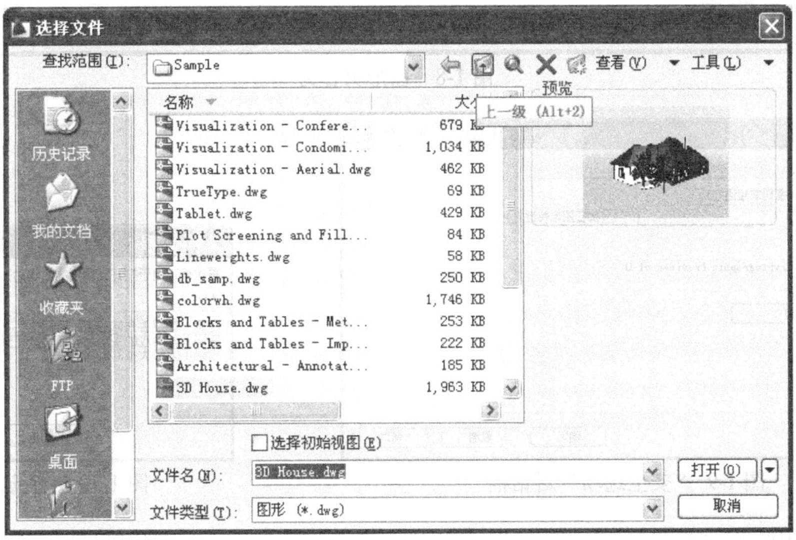

图 1-7　打开文件

（3）保存图形文件

在 AutoCAD 中，可以使用多种方式将所绘图形以文件形式存入磁盘。例如，可以选择“文件”→“保存”命令(QSAVE)，或在“标准”工具栏中单击“保存”按钮，以当前使用的文件名保存图形；也可以选择“文件”→“另存为”命令(SAVEAS)，将当前图形以新的名称保存。

在第一次保存创建的图形时，系统将打开“图形另存为”对话框，如图 1-8 所示。默认情况下，文件以“AutoCAD 2007 图形(*.dwg)”格式保存，也可以在“文件类型”下拉列表框中选择其他格式，如 AutoCAD 2000/LT2000 图形(*.dwg)、AutoCAD 图形标准(*.dws)等格式。

（4）加密保护绘图数据

AutoCAD 2009 中，保存文件时可以使用密码保护功能，对文件进行加密保存。单击“菜单浏览器”按钮，在弹出的菜单中选择“文件”→“保存”或“文件”→“另存为”命令时，将打开“图形另存为”对话框。在该对话框中单击“工具”按钮，在弹出的菜单中选择“安全选项”命令，此时将打开“安全选项”对话框（图 1-9）。在“密码”选项卡中，可以在“用于打开此图形的密码或短语”文本框中输入密码，然后单击“确定”按钮打开“确认密码”对话框，并在“再次输入用于打开此图形的密码”文本框（图 1-10）中输入确认密码。

图 1-8　图形另存为

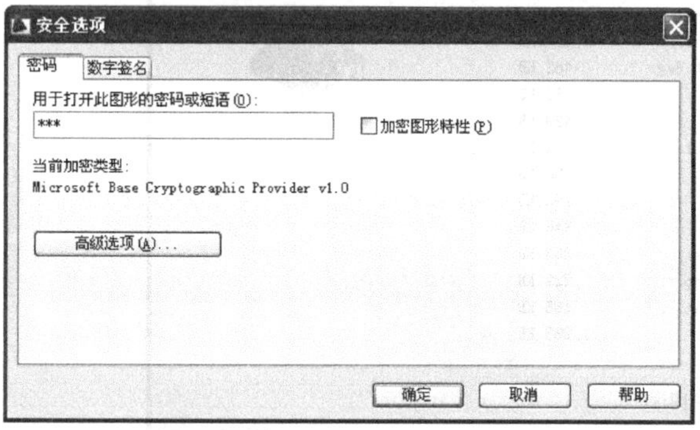

图 1-9 “安全选项”对话框

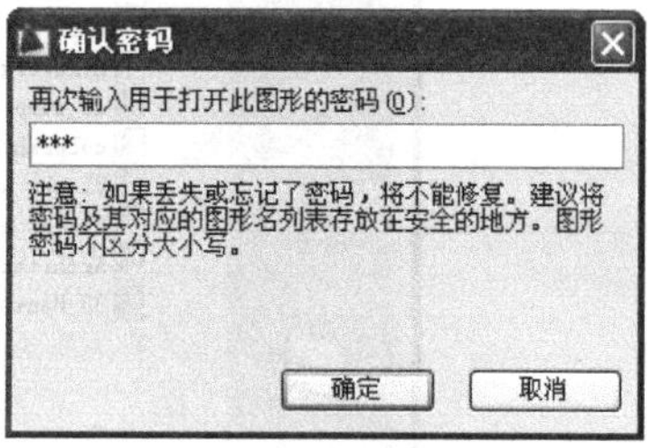

图 1-10　确认密码

(5) 关闭图形文件

选择“文件”→“关闭”命令(CLOSE)，或在绘图窗口中单击“关闭”按钮，可以关闭当前图形文件。

如果当前图形没有存盘，系统将弹出 AutoCAD 警告对话框（图 1-11），询问是否保存文件。此时，单击“是(Y)”按钮或直接按 Enter 键，可以保存当前图形文件并将其关闭；单击“否(N)”按钮，可以关闭当前图形文件但不存盘；单击“取消”按钮，取消关闭当前图形文件操作，即不保存也不关闭。如果当前所编辑的图形文件没有命名，那么单击“是(Y)”按钮后，AutoCAD 会打开“图形另存为”对话框，要求用户确定图形文件存放的位置和名称。

图 1-11　保存警告对话框

3. AutoCAD 2009 工作界面

中文版 AutoCAD 2009 为用户提供了“AutoCAD 经典”、“二维草图与注释”和“三维建模”三种工作空间模式。对于习惯于 AutoCAD 传统界面用户来说，可以采用“AutoCAD 经典”工作空间。主要由标题栏、菜单栏、工具栏、绘图窗口、文本窗口与命令行、状态行等元素组成，如图 1-12 所示。

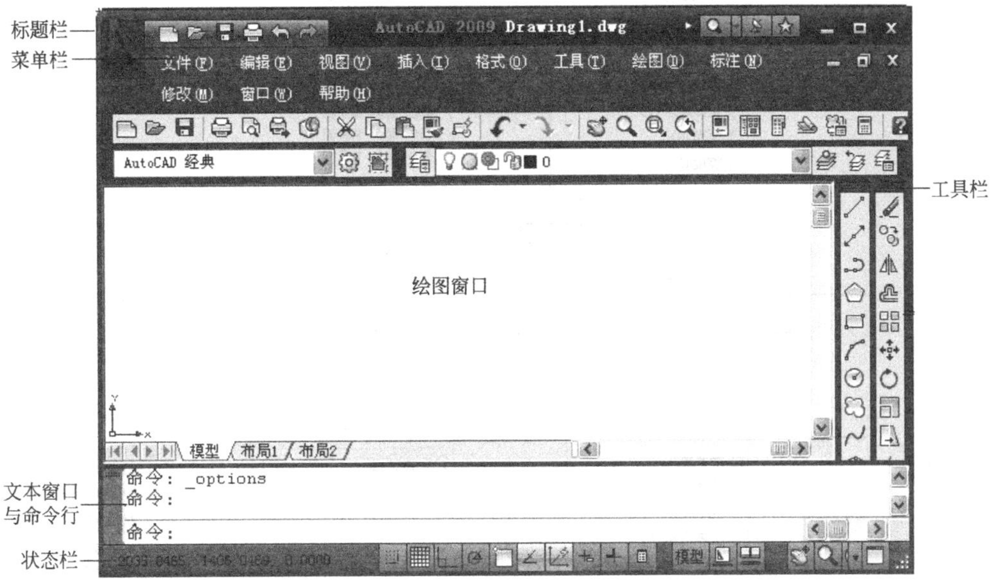

图 1-12　AutoCAD 绘图界面

（1）标题栏

标题栏位于应用程序窗口的最上面，它显示了 AutoCAD 的图标、当前正在运行的程序名及文件名、路径等信息，如果是 AutoCAD 默认的图形文件，其名称为 DrawingN.dwg(N 是数字)。单击标题栏右端的按钮，可以最小化、最大化或关闭应用程序窗口。标题栏最左边是应用程序的小图标，单击它将会弹出一个 AutoCAD 窗口控制下拉菜单，可以执行最小化或最大化窗口、恢复窗口、移动窗口、关闭 AutoCAD 等操作。

（2）菜单栏与快捷菜单

中文版 AutoCAD 2009 的菜单栏由“文件”、“编辑”、“视图”等菜单组成，几乎包括了 AutoCAD 中全部的功能和命令，如图 1-13 所示绘图菜单。快捷菜单又称为上下文相关菜单。在绘图区域、工具栏、状态行、模型与布局选项卡以及一些对话框上右击时，将弹出一个快捷菜单，如图 1-14 所示，该菜单中的命令与 AutoCAD 当前状态相关。使用它们可以在不启动菜单栏的情况下快速、高效地完成某些操作。

（3）工具栏

工具栏是应用程序调用命令的另一种方式，如图 1-15 所示，它包含许多由图标表示的命令按钮，用户只需单击某个按钮，就会执行相应的命令，有些按钮是单一型的，有些则是嵌套型的（按钮图标右下角带有小黑三角形），在嵌套型按钮上按住鼠标右键，将弹出嵌套的命令按钮。

在 AutoCAD2009 中，系统共提供了二十多个已命名的工具栏。默认情况下，“标准”、“属性”、“绘图”和“修改”等工具栏处于打开状态。如果要显示当前隐藏的工具栏，可在任意工具栏上右击，此时将弹出一个快捷菜单，通过选择命令可以显示或关闭相应的工具栏。

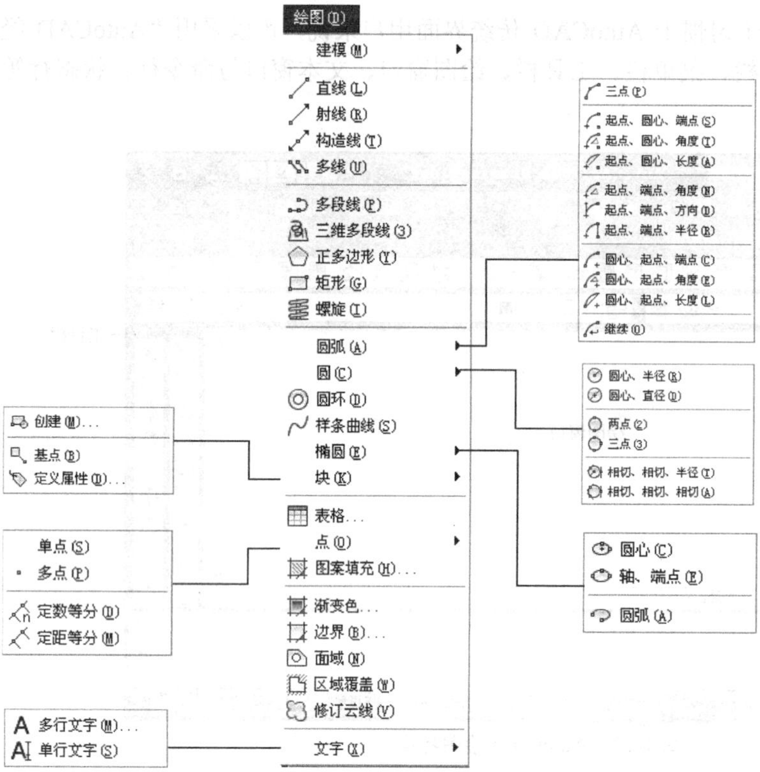

图 1-13　绘图菜单

图 1-14　快捷菜单

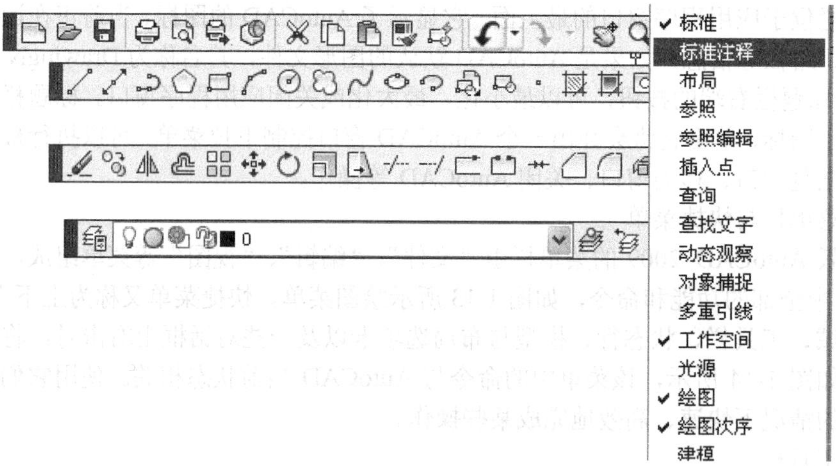

图 1-15　工具栏

（4）绘图窗口

在 AutoCAD 中，绘图窗口是用户绘图的工作区域（图 1-16），所有的绘图结果都反映在这个窗口中。该区域无限大，可以根据需要关闭其周围和里面的各个工具栏，以增大绘图空间。如果图纸比较大，需要查看未显示部分时，可以单击窗口右边与下边滚动条上的箭头，或拖动滚动条上的滑块来移动图纸。在绘图窗口中除了显示当前的绘图结果外，还显示了当前使用的坐标系类型以及坐标原点、X 轴、Y 轴、Z 轴的方向等。默认情况下，坐标系为世界坐标系(WCS)。

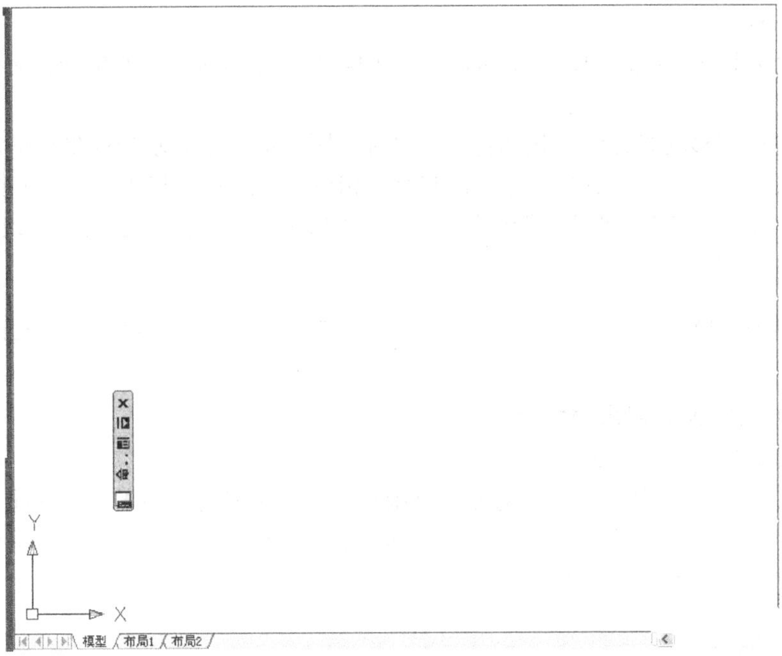

图 1-16　绘图区

绘图窗口的下方有【模型】和【布局】选项卡，单击其标签可以在模型空间或图纸空间之间来回切换。默认情况下【模型】选项卡处于选中状态。

（5）命令行与文本窗口

"命令行"窗口位于绘图窗口的底部(图 1-17)，用于接收用户输入的命令，并显示 AutoCAD 提示信息。在 AutoCAD 2009 中，"命令行"窗口可以拖放为浮动窗口。

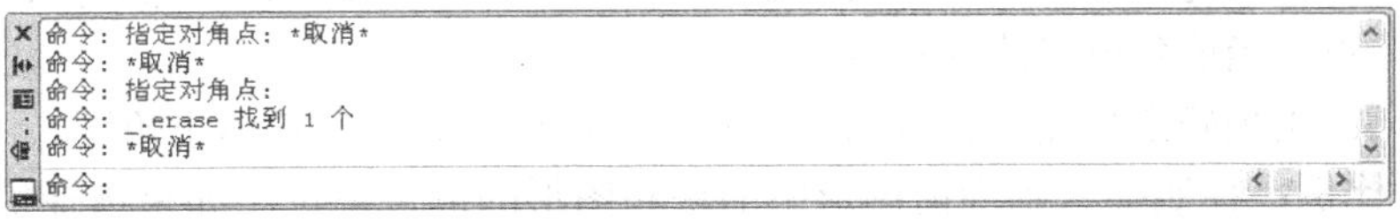

图 1-17　命令行

"AutoCAD 文本窗口"是记录 AutoCAD 命令的窗口（图 1-18），是放大的"命令行"窗口，它记录了已执行的命令，也可以用来输入新命令。在 AutoCAD 2009 中，可以选择"视图"→"显示"→"文本窗口"命令、执行 TEXTSCR 命令或按 F2 键来打开 AutoCAD 文本窗口，它记录了对文档进行的所有操作。

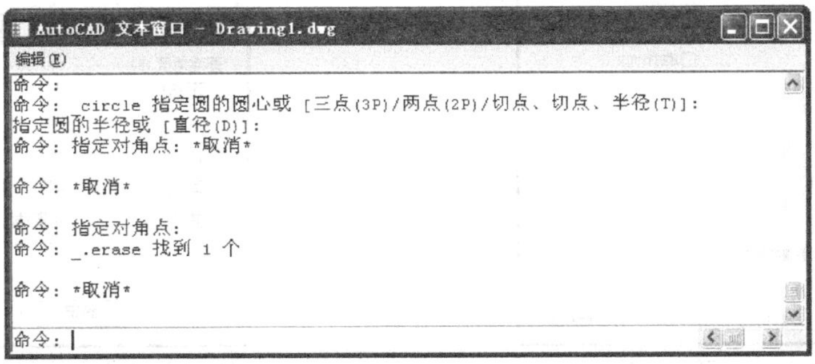

图 1-18　文本窗口

（6）状态行

状态行用来显示 AutoCAD 当前的状态（图 1-19），如当前光标的坐标、命令和按钮的说明等。

在绘图窗口中移动光标时，状态行的“坐标”区将动态地显示当前坐标值。坐标显示取决于所选择的模式和程序中运行的命令，共有“相对”、“绝对”和“无”3 种模式。

状态行中还包括如“捕捉”、“栅格”、“正交”、“极轴”、“对象捕捉”、“对象追踪”、DUCS、DYN、“线宽”、“模型”(或“图纸”)等功能按钮。

图 1-19　状态行

4. AutoCAD 2009 绘图环境设置

（1）设置图形单位（Units）

① 概念：在图形中创建的所有对象都是根据图形单位进行测量的，绘图前首先应该确定 AutoCAD 的度量单位。然后据此惯例创建实际大小的图形。例如，一个图形单位的距离通常表示实际单位的一毫米、一厘米、一英寸或一英尺。

② 操作

菜单：格式(O) ➤ 单位(U)

命令条目：units

弹出“图形单位”对话框，如图 1-20 所示。

◆ 长度：指定测量的当前单位及当前单位的精度。

【类型】：设置测量单位的当前格式，包括“建筑”、“小数”、“工程”、“分数”和“科学”。

【精度】：设置线性测量值显示的小数位数或分数大小。

◆ 角度：指定当前角度的格式和精度。

【类型】：设置当前角度格式。格式有百分度、度/分/秒、弧度、勘测单位、十进制数。

【精度】：设置当前角度格式的精度。

【顺时针】：用来确定角度的正方向。缺省时，以逆时针方向表示正角度。

◆ 插入比例：控制插入到当前图形中的块和图形的测量单位。如果选择了“无单位”，则块插入时不按指定的单位进行缩放。

◆ 方向：单击【方向】按钮，弹出“方向控制”对话框，此对话框用来控制基准角度，如图 1-21 所示。

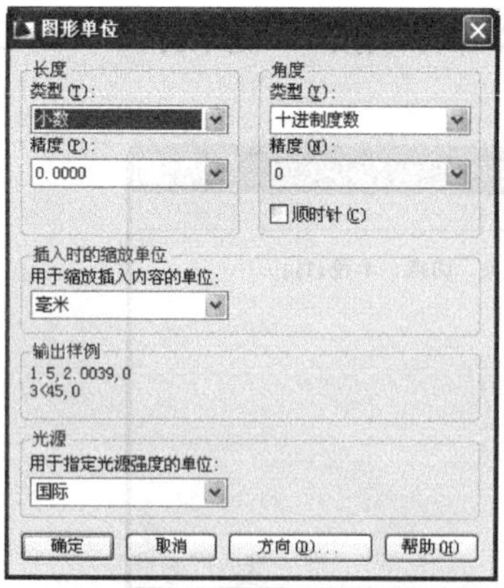

图 1-20　图形单位对话框

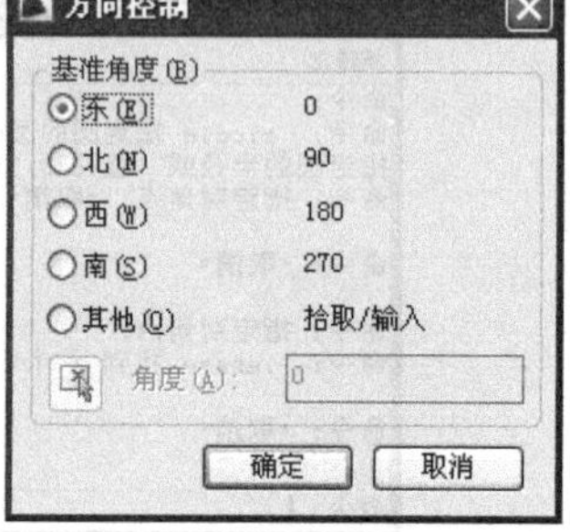

图 1-21　“方向控制”对话框

➢ 基准角度：设置基准角度的方向。此选项会影响到角度、对象旋转角度、显示格式及极坐标、柱坐标和球坐标等项。

■ 东：设置基准角度方向为正东向（缺省零角度方向）。
■ 北：设置基准角度方向为正北向（90°）。
■ 西：设置基准角度方向为正西向（180°）。
■ 南：设置基准角度方向为正南向（270°）。
■ 其他：设置除正方向以外的其他方向为基准角度方向。
■ 角度：设置角度。只有选择“其他”时，此选项才可用。
■ 拾取角度：使用定点设备在一条虚构的直线上定义角度，此虚构线连接了用户指定的任意两点。只有选择“其他”时，此选项才可用。

（2）设置图形界限（Limits）

① 概念：绘图区域中用户定义的矩形边界，确定绘图的工作区域和图纸的边界。当栅格打开时界限内部将被点覆盖，又称作栅格界限。一般来说，对于机械制图，长度以毫米（mm）为单位，角度以度（°）为单位。

② 操作

菜单：格式(O) ➤ 图形界限(I)

命令条目：limits

✧ 示例：

命令: Limits ↙
重新设置模型空间界限:
指定左下角点或 [开（On）/关（Off）] <0.0000,0.0000>:↙ （←指定界限左下角坐标）
指定右上角点 <420.0000,297.0000>:↙ （←指定界限右上角坐标）

如图 1-22 所示。

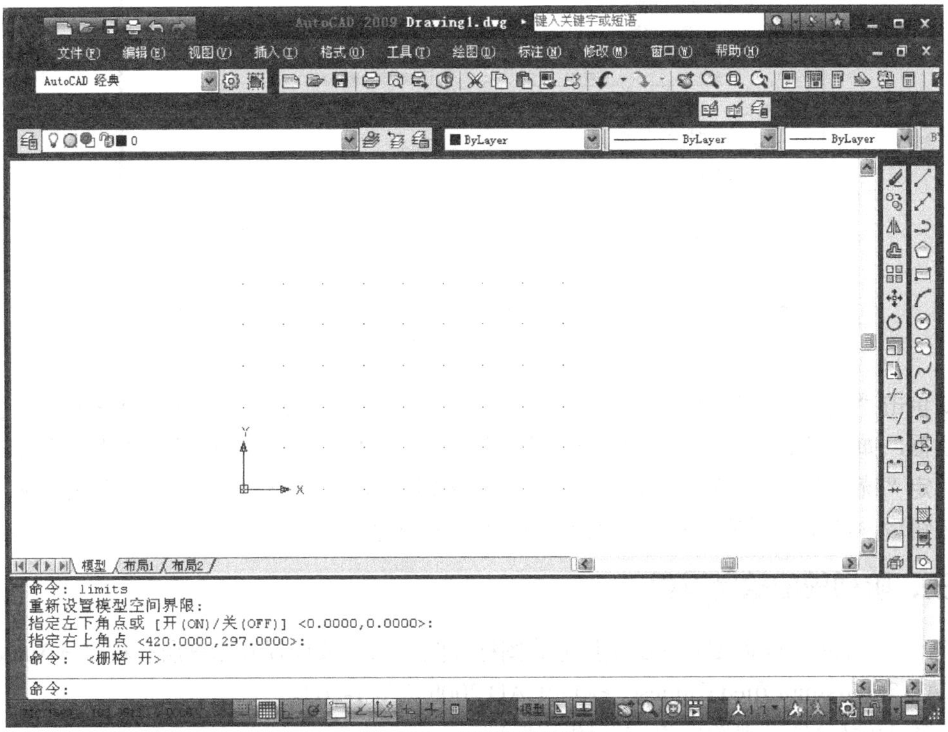

图 1-22 设置图形界限

◆ 开（On）：打开界限检查。当界限检查打开时，AutoCAD 将会拒绝输入图形界限外部的点。因为界限检查只检测输入点，所以对象（例如圆）的某些部分可能会延伸出界限。

◆ 关（Off）：关闭界限检查，所绘图形不受绘图范围的限制。

（3）设置屏幕显示方式

① 概念：默认状态下的绘图工作区有很多设置可能与用户的习惯不一致，例如绘图窗口默认背景为黑色，这与图板上的白色图纸截然不同，但用户可以根据需要来调整应用程序界面和绘图区域。

② 操作

菜单：“工具” ➤ “选项”（“选项” 对话框，“显示” 选项卡）

快捷菜单：在命令窗口中单击鼠标右键，或在未激活任何命令并且未选定任何对象时在绘图区域中单击鼠标右键，然后单击“选项”。

命令条目：options

弹出“选项”对话框，如图 1-23 所示，用户可以选择文件、显示、打开和保存等相应选项的设置。

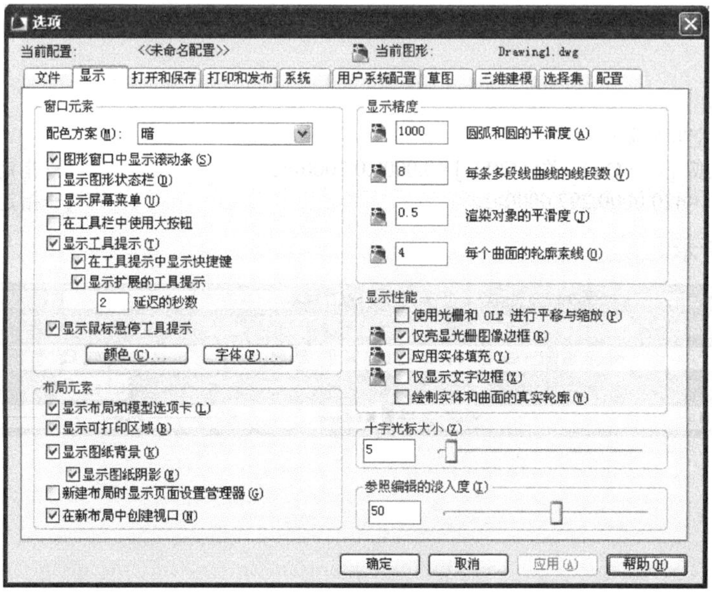

图 1-23 “选项”对话框

如单击“选项”对话框中“显示”选项卡里的“颜色”按钮，弹出“图形窗口颜色”设置对话框，如图 1-24 所示，从“上下文”列表中选择“二维模型空间”，在“界面元素”列表中选定“统一背景”，然后单击“颜色”下拉按钮，接着选择白色，当用户单击“应用并关闭”按钮后，就将在屏幕上看到绘图窗口已经改成白色。

三、阶梯轴的绘制过程

双击桌面上的 AutoCAD 2009 快捷方式图标（图 1-25）或选择开始→所有程序→Autodesk→AutoCAD 2009-simplified Chinese→AutoCAD 2009（图 1-26）。

选择 AutoCAD 经典绘图界面（图 1-27）。

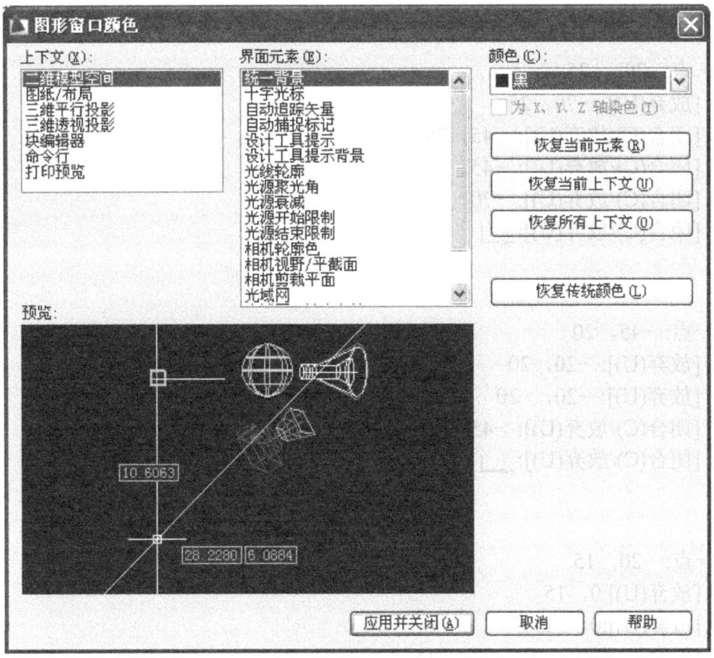

图 1-24 “图形窗口颜色”对话框

图 1-25 AutoCAD 2009 快捷方式图标

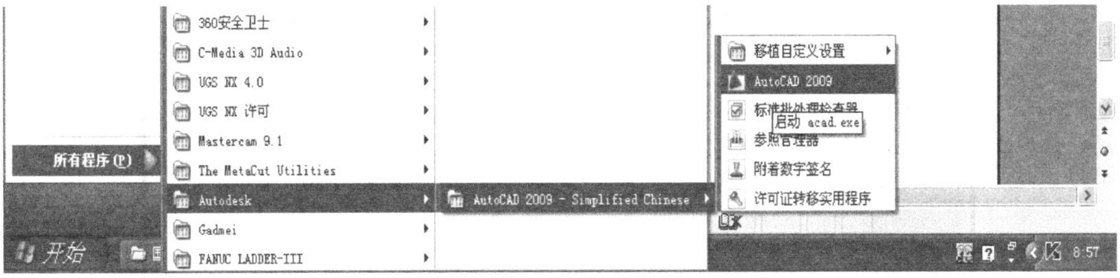

图 1-26 从程序中启动 AutoCAD 2009

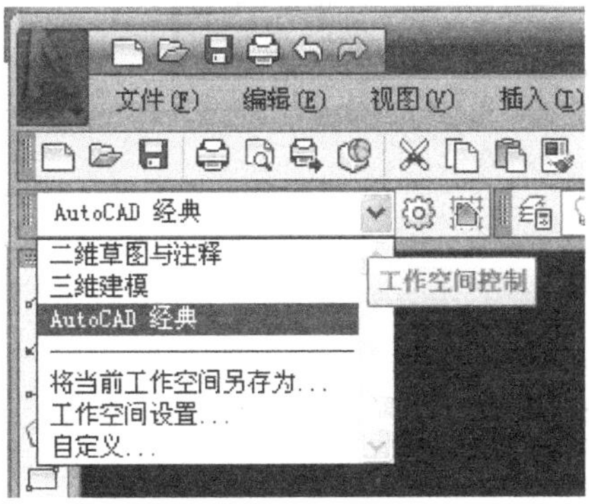

图 1-27 工作空间选择

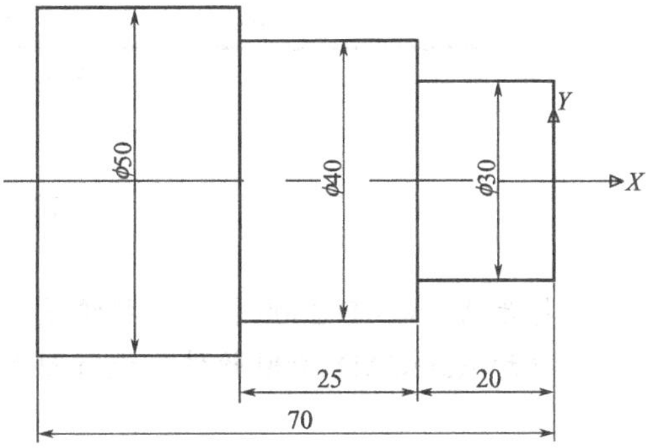

图 1-28 绘制图形

单击绘图窗口右边面板上的直线按钮，输入下列坐标绘制图形（图 1-28）。

```
LINE 指定第一点: -70，-25
指定下一点或 [放弃(U)]: -70，25
指定下一点或 [闭合(C)/放弃(U)]: -45，25
指定下一点或 [闭合(C)/放弃(U)]: -45，-25
指定下一点或 [闭合(C)/放弃(U)]: -70，-25
指定下一点或 [闭合(C)/放弃(U)]:↵
```

命令：

```
LINE 指定第一点: -45，20
指定下一点或 [放弃(U)]: -20，20
指定下一点或 [放弃(U)]: -20，-20
指定下一点或 [闭合(C)/放弃(U)]: -45，-20
指定下一点或 [闭合(C)/放弃(U)]:↵
```

命令：

```
LINE 指定第一点: -20，15
指定下一点或 [放弃(U)]:0，15
指定下一点或 [放弃(U)]:0，-15
指定下一点或 [闭合(C)/放弃(U)]: -20，-15
指定下一点或 [闭合(C)/放弃(U)]:↵
```

保存所绘图形如图 1-29 所示。

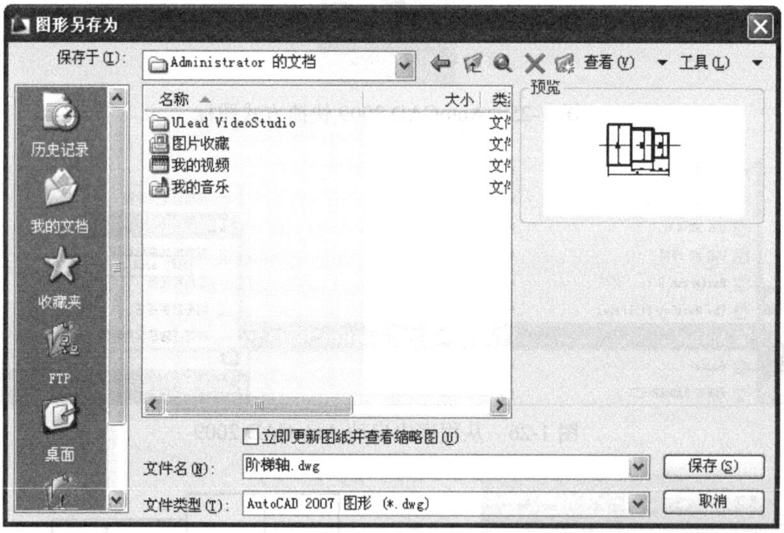

图 1-29 保存图形

习 题

1. 打开 AutoCAD 2009 软件，将绘图区域设置成白色后保存。
2. 打开 AutoCAD 2009 软件，进行图形界限和图形单位的设置。

课题二　二维图形的绘制与编辑

任务一　直线类平面图形的绘制

一、任务与要求

在 AutoCAD 2009 中，最常见的是直线段对象，通过使用“绘图”菜单中直线绘图命令和删除、修剪、延伸等编辑命令绘制任务中的图形（图 2-1），掌握 AutoCAD 软件绘图的基本步骤和方法，并熟练地掌握相关命令的绘制方法和技巧。

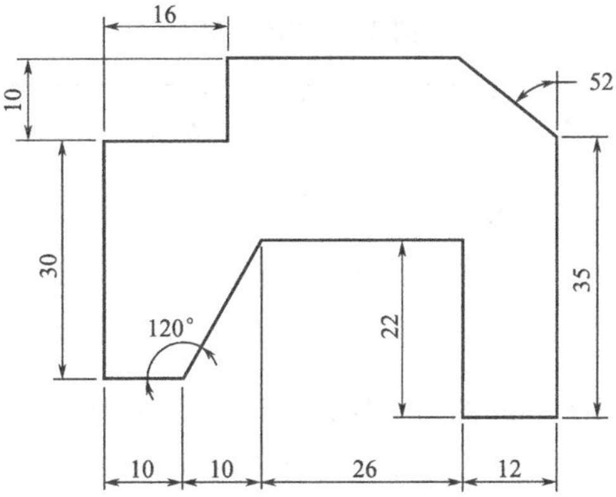

图 2-1　平面图形（一）

二、相关知识点

1. 命令输入方式

在 AutoCAD 中，菜单命令、工具按钮、命令和系统变量大都是相互对应的。可以选择某一菜单命令，或单击某个工具按钮，或在命令行中输入命令和系统变量来执行相应命令。可以说，命令是 AutoCAD 绘制与编辑图形的核心。

（1）绘图菜单

绘图菜单（图 2-2）是绘制图形最基本、最常用的方法，其中包含了 AutoCAD 2009 的大部分绘图命令。选择菜单中的命令或子命令，可绘制出相应的二维图形。

（2）绘图工具栏

“绘图”工具栏（图 2-3）中的每个工具按钮都与“绘图”菜单中的绘图命令相对应，是图形化的绘图命令。

图 2-2　绘图菜单

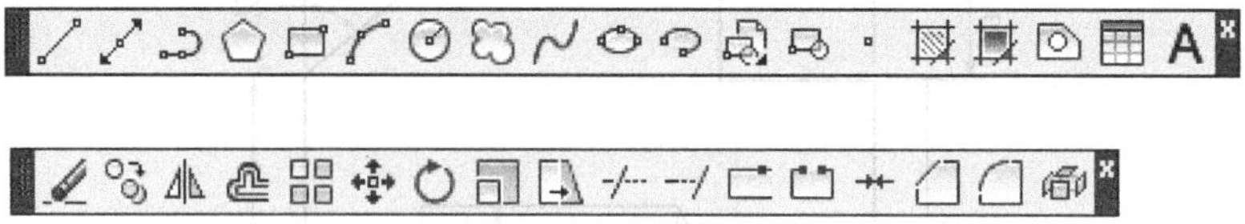

图 2-3　工具栏

（3）屏幕菜单

“屏幕菜单”是 AutoCAD 2009 的另一种菜单形式。默认情况下，系统不显示“屏幕菜单”，但可以通过选择“工具”→“选项”菜单，打开“选项”对话框，在“显示”选项卡的“窗口元素”选项组中选中“显示屏幕菜单”复选框将其显示（图 2-4）。当选择图形中的任一对象后就会弹出相应的屏幕菜单（图 2-5）。

（4）绘图命令

使用绘图命令（图 2-6）也可以绘制图形，在命令提示行中输入绘图命令，按 Enter 键，并根据命令行的提示信息进行绘图操作。这种方法快捷，准确性高，但要求掌握绘图命令及其选择项的具体用法。

2. 坐标系输入方式

坐标(x,y)是表示点的最基本方法。在 AutoCAD 中，坐标系分为世界坐标系(WCS)和用户坐标系(UCS)，如图 2-7 所示。两种坐标系下都可以通过坐标(x,y)来精确定位点。默认情况下，在开始绘制新图形时，当前坐标系为世界坐标系即 WCS，它包括 X 轴和 Y 轴(如果在三维空间工作，还有一个 Z 轴)。WCS 坐标轴的交汇处显示“口”形标记，但坐标原点并不在坐标系的交汇点，而位于图形窗口的左下角，所有的位移都是相对于原点计算的，并且沿 X 轴正向及 Y 轴正向的位移规定为正方向。

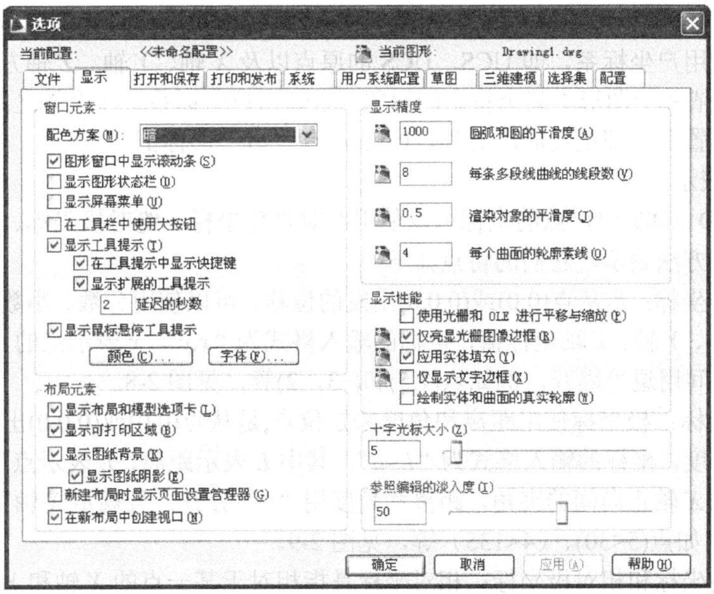

图 2-4 “选项”对话框

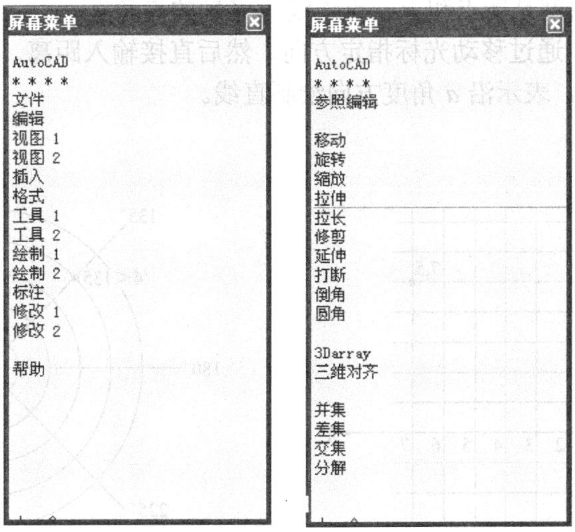

图 2-5 屏幕菜单

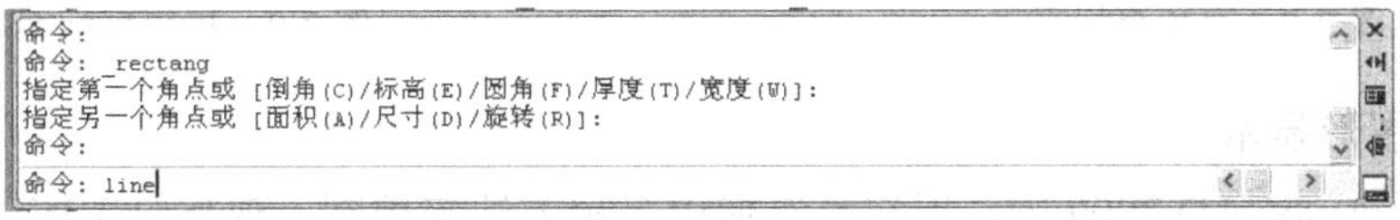

图 2-6 命令行

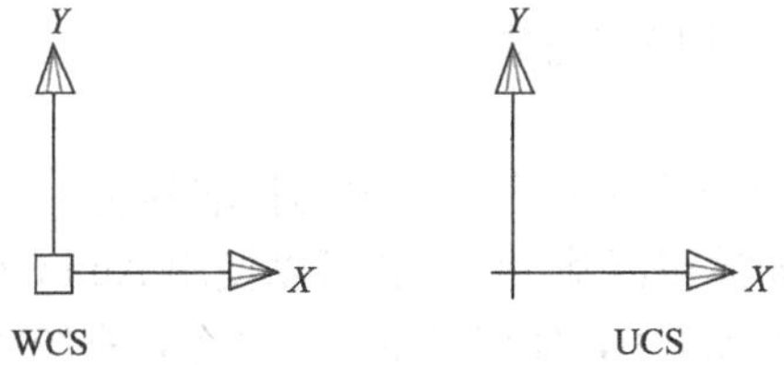

图 2-7 绘图坐标系

在 AutoCAD 中，为了能够更好地辅助绘图，经常需要修改坐标系的原点和方向，这时世界坐标系将变为用户坐标系，即 UCS。UCS 的原点以及 *X* 轴、*Y* 轴、*Z* 轴方向都可以移动及旋转，甚至可以依赖于图形中某个特定的对象。尽管用户坐标系中 3 个轴之间仍然互相垂直，但是在方向及位置上却都更灵活。另外，UCS 没有“口”形标记。

◆ 坐标的表示方法

在 AutoCAD 2009 中，点的坐标可以使用绝对直角坐标、绝对极坐标、相对直角坐标和相对极坐标 4 种方法表示，它们的特点如下。

➢ 绝对直角坐标：是从点(0,0)或(0,0,0)出发的位移，可以使用分数、小数或科学记数等形式表示点的 *X* 轴、*Y* 轴、*Z* 轴坐标值，坐标的输入格式为“*x*,*y*”，*x* 表示点的 *x* 坐标，*y* 表示点的 *y* 坐标，坐标间用逗号隔开，例如点(7,5)和(−3，2)等，见图 2-8。

➢ 绝对极坐标：极坐标使用距离和角度来定位点,是从点(0,0)或(0,0,0)出发的位移，但给定的是距离和角度，坐标的输入格式为“*L*<*a*”，其中 *L* 表示距离，*L* 表示点到原点的距离，*a* 表示极轴方向与 *X* 轴正向间的夹角，距离和角度用“<”分开，且规定 *X* 轴正向为 0°，*Y* 轴正向为 90°，例如点(5<30)、(4<135）等，见图 2-9。

➢ 相对直角坐标和相对极坐标：相对坐标是指相对于某一点的 *X* 轴和 *Y* 轴位移，或距离和角度。它的表示方法是在绝对坐标表达方式前加上“@”号，如(@–22,10)和(@20<35)。其中，相对极坐标中的角度是新点和上一点连线与 *X* 轴的夹角。

➢ 直接距离输入：通过移动光标指定方向，然后直接输入距离。若要精确指定角度确定方向，可以输入“<*a*”，表示沿 *a* 角度方向绘制直线。

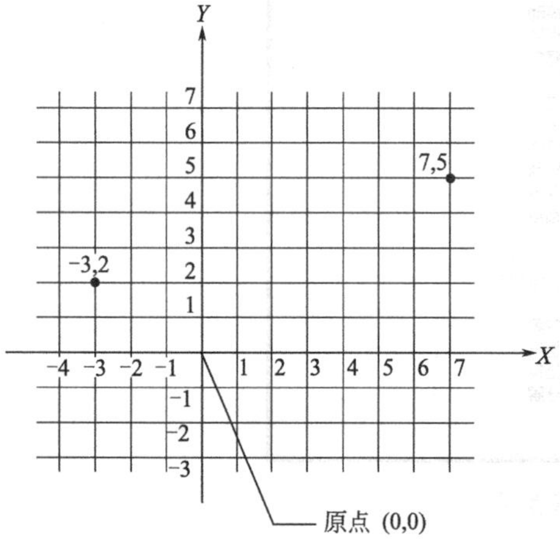

图 2-8　直角坐标系

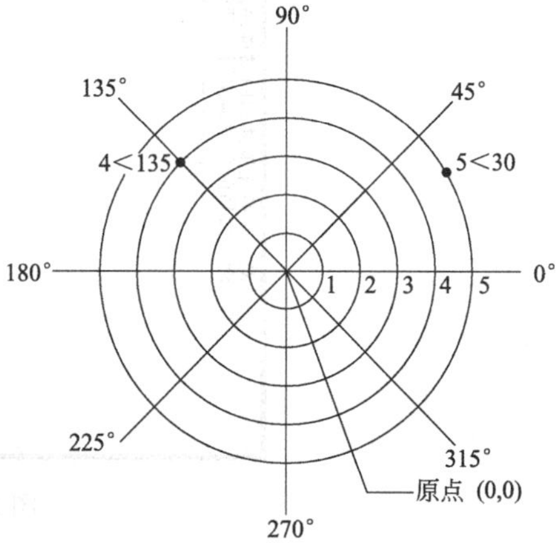

图 2-9　极轴坐标系

3. 控制图形显示

在中文版 AutoCAD 2009 中，用户可以使用多种方法来控制、观察绘图窗口中图形效果，如使用“视图”菜单中的子命令、“视图”工具栏中的工具按钮、鸟瞰视图等。通过这些方式可以灵活观察图形的整体效果或局部细节。

◆ 重画与重生成图形

在绘图和编辑过程中，屏幕上常常留下对象的拾取标记，这些临时标记并不是图形中的对象，有时会使当前图形画面显得混乱，这时就可以使用 AutoCAD 的重画与重生成图形功能清除这些临时标记。在 AutoCAD 中，使用“重画”命令，系统将在显示内存中更新屏幕，消除临时标记。使用重画命令(REDRAW)，可以更新用户使用的当前视区。利用“重生成”

(REGEN)命令可重生成屏幕，比“重画”命令执行速度慢，更新屏幕花费时间较长，某些操作只有在使用“重生成”命令后才生效，如改变点的格式。

◆ 平移视图

使用平移视图命令（PAN）或按住鼠标中键不放，可以重新定位图形，以便看清图形的其他部分。此时不会改变图形中对象的位置或比例，只改变视图。

◆ 缩放视图

在 AutoCAD 中，可以通过缩放视图来观察图形对象。选择下拉菜单“视图”→“缩放”中的缩放选项，或在“标准”工具栏中单击“缩放”选项按钮（图 2-10），或在命令行输入“ZOOM”进入缩放模式，缩放视图可以增加或减少图形对象的屏幕显示尺寸，但对象的真实尺寸保持不变。通过改变显示区域和图形对象的大小可更准确、更详细地绘图。

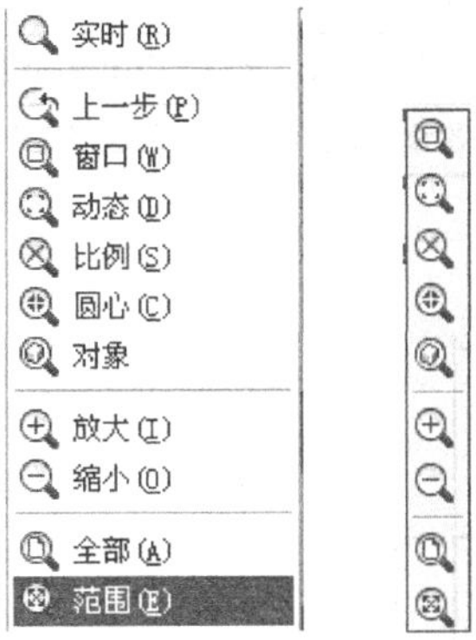

图 2-10　缩放视图

图 2-11　鸟瞰视图

【全部】：在当前视口中缩放显示整个图形。

【中心】：缩放显示由圆心和放大比例（或高度）所定义的窗口。

【动态】：缩放显示在视图框中的部分图形。移动视图框或调整它的大小，将其中的图像平移或缩放，以充满整个视口。

【范围】：缩放以显示图形范围，并尽最大可能显示所有对象。

【上一个】：缩放显示上一个视图。

【比例】：以指定的比例因子缩放显示。

【窗口】：缩放显示由两个角点定义的矩形窗口框定的区域。

【对象】：缩放以便尽可能大地显示一个或多个选定的对象并使其位于绘图区域的中心。

【实时】：利用定点设备，在逻辑范围内交互缩放。光标将变为带有加号 (+) 和减号 (-) 的放大镜。

◆ 使用鸟瞰视图（图 2-11）

“鸟瞰视图”属于定位工具，它提供了一种可视化平移和缩放视图的方法，在大型图形中，可以在显示全部图形的窗口中快速平移和缩放。在绘图时，如果鸟瞰视图保持打开状态，则可以直接缩放和平移，无需选择菜单选项或输入命令。

4. AutoCAD 2009 绘图命令：直线

① 概念：“直线”是各种绘图中最常用、最简单的一类图形对象，可以创建一系列连续的线段，只要指定了起点和终点即可绘制一条直线，每条线段都是可以单独进行编辑的直线

对象。在 AutoCAD 中，可以用二维坐标(x,y)或三维坐标(x,y,z)来指定端点，也可以混合使用二维坐标和三维坐标。如果输入二维坐标，AutoCAD 将会用当前的高度作为 Z 轴坐标值，默认值为 0。

② 操作：创建直线段

工具栏：绘图

菜单：绘图(D) ➤ 直线(L)

命令条目：line

命令选项功能如表 2-1 所示。

表 2-1　命令选项功能

创建对象	选　项	功　能
直线	指定点	指定点或按 ENTER 键从上一条绘制的直线或圆弧继续绘制
	关闭	以第一条线段的起始点作为最后一条线段的端点，形成一个闭合的线段环
	放弃	删除直线序列中最近绘制的线段，多次输入 u 按绘制次序的逆序逐个删除线段

③ 练习绘制如图 2-12 所示图形。

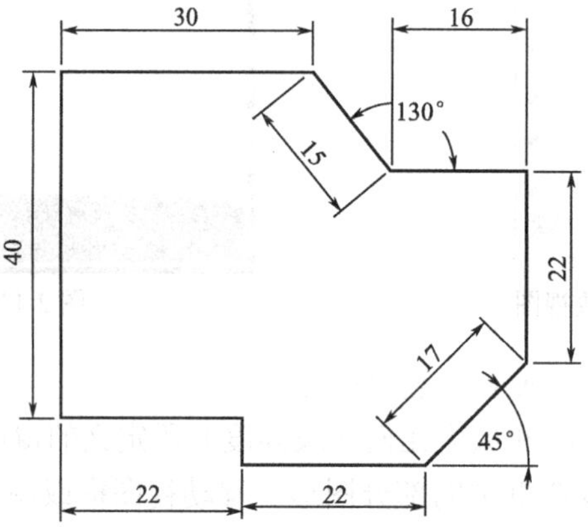

图 2-12　创建直线段练习

5. AutoCAD 2009 编辑命令

(1) 删除

① 概念：图形绘制过程中经常有一些对象用来辅助绘图，当图形绘制完毕，这些辅助对象需要去掉，使用删除命令可以将选定对象从图形中删除，选定对象的方式可以用鼠标左键拾取对象，如图 2-13 所示，也可以通过输入一个选项来选择对象，如输入 L 删除绘制的上一个对象，输入 p 删除前一个选择集，或者输入 ALL 删除所有对象。还可以输入?以获得所有选项的列表。

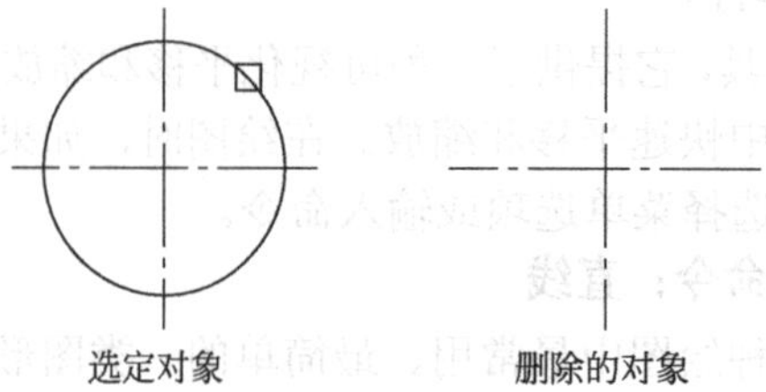

图 2-13　删除对象

② 操作：从图形中删除对象

工具栏：修改

菜单：修改(M) ➤ 删除(E)

快捷菜单：选择要删除的对象，在绘图区域中单击鼠标右键，然后单击“删除”。

命令条目：erase

③ 知识拓展：可以使用多种方法从图形中删除对象，使用 ERASE 命令删除对象;选择对象，然后使用 CTRL+X 组合键将它们剪切到剪贴板；选择对象，然后按 DELETE 键。可以使用 UNDO 命令恢复意外删除的对象。OOPS 命令可以恢复最近使用 ERASE 命令删除的所有对象。

（2）修剪与延伸

① 概念：在图形绘制过程中经常有一些辅助的线段需要去掉部分（图 2-14），或不相接的对象需要连接上（图 2-15），这时可以通过修剪与延伸的操作，使对象在一个或多个对象定义的边上精确地修剪对象或精确地延伸至由其他对象定义的边界。修剪只是对图形中对象的部分剪除掉，无法将对象删除，要想完全删除对象必须使用删除命令。

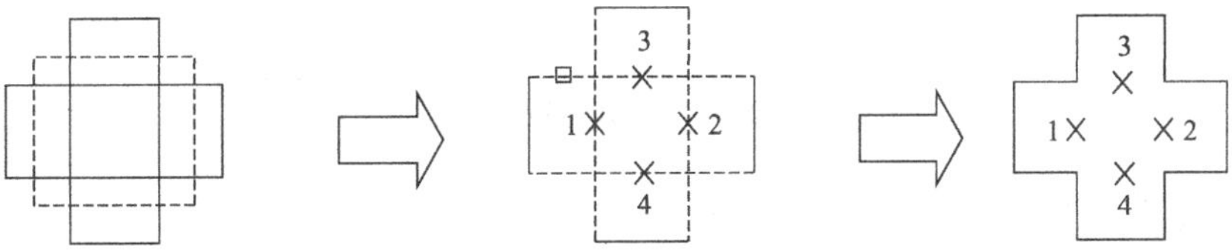

图 2-14　修剪对象

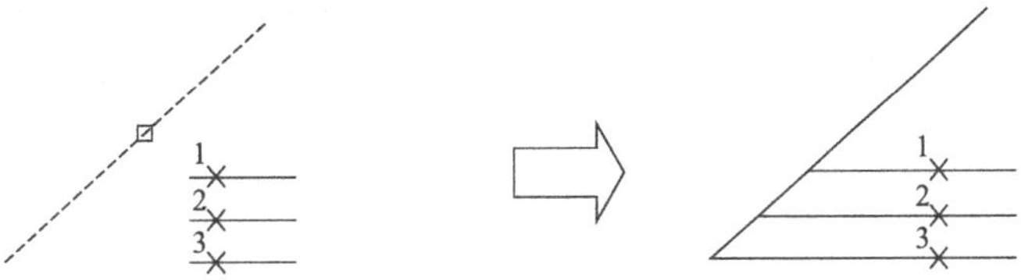

图 2-15　延伸到边界

② 操作

工具栏：修改 -/---　　　/　　　---/

菜单：修改(M) ➤ 修剪(T)　　　/　　　延伸(D)

命令条目：trim（修剪）　　　/　　　extend（延伸）

操作步骤：

步骤 1：点击修剪或延伸命令。

步骤 2：选择剪切/（延伸）边。选择定义要修剪/（延伸）对象的剪切/（延伸）边的对象，或者按 ENTER 键选择所有显示的对象作为潜在剪切/（延伸）边。

步骤 3：指定修剪/（延伸）对象。可以用鼠标直接拾取被修剪/（延伸）的对象或指定一种对象选择方式来选择要修剪/（延伸）的对象。

命令选项功能如表 2-2 所示。

③ 知识拓展：在执行修剪或延伸功能时，当需要选择剪切/（延伸）边，通常直接按 ENTER 键选择所有显示的对象作为潜在剪切/（延伸）边。当图形未产生实际的交点，但有潜在交点时也可以进行修剪和延伸，如图 2-16 和图 2-17 所示。

表 2-2　命令选项功能

命令	选　项	功　能
修剪/延伸	要修剪/延伸的对象	指定修剪对象。选择修剪对象提示将会重复，因此可以选择多个修剪对象
	按住 Shift 键选择要延伸/修剪的对象	此选项提供了一种在修剪和延伸之间切换的简便方法
	栏选	选择与选择栏相交的所有对象。选择栏是一系列临时线段，它们是用两个或多个栏选点指定的
	窗交	选择矩形区域（由两点确定）内部或与之相交的对象
	投影	指定修剪对象时使用的投影方式
	边	确定对象是在另一对象的延长边处进行修剪/延伸，还是仅在三维空间中与该对象相交的对象处进行修剪/延伸
	删除	删除选定的对象，无需退出 TRIM 命令
	放弃	撤销由 TRIM 命令所做的最近一次修改

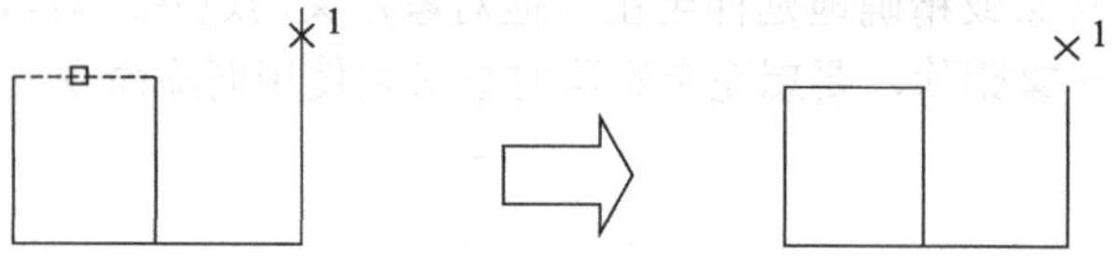

图 2-16　修剪到隐含交点

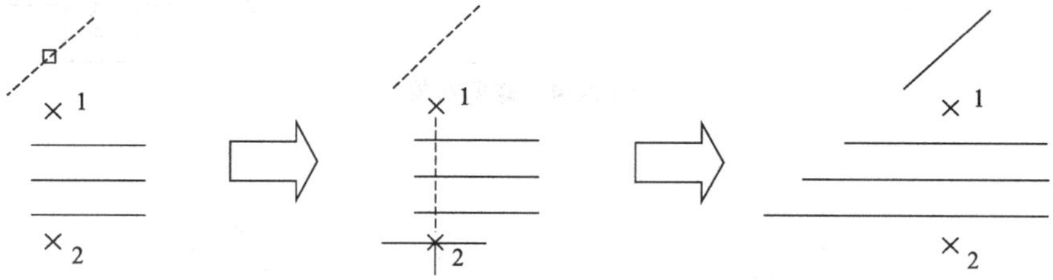

图 2-17　延伸到隐含的边界

三、平面图形绘图步骤

1. 绘制图形

```
命令: _line 指定第一点: 0,0
指定下一点或 [放弃(U)]: 0,30
指定下一点或 [放弃(U)]: @16,0
指定下一点或 [闭合(C)/放弃(U)]: @0,10
指定下一点或 [闭合(C)/放弃(U)]: @50,0
指定下一点或 [闭合(C)/放弃(U)]: ↵
```

得到如图 2-18 所示图形。

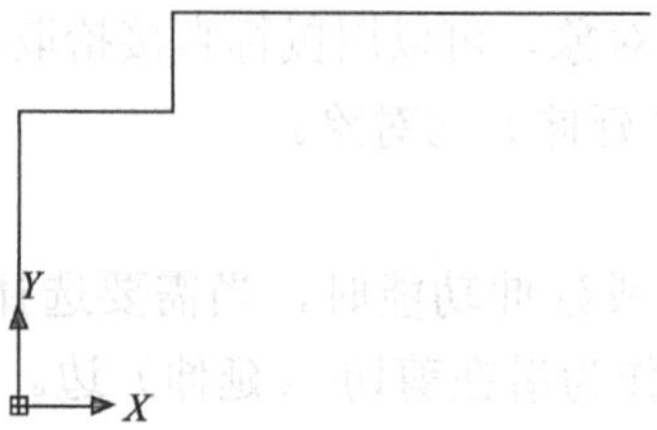

图 2-18　绘制图形左半部

```
命令: _line 指定第一点: 0,0
指定下一点或 [放弃(U)]: 10,0
指定下一点或 [放弃(U)]: <60
指定下一点或 [放弃(U)]: 用鼠标拾取一个长度
指定下一点或 [闭合(C)/放弃(U)]: ↵
命令: _line 指定第一点: 10,0
指定下一点或 [放弃(U)]: @10,0
指定下一点或 [放弃(U)]: @0,20
指定下一点或 [闭合(C)/放弃(U)]: ↵
```

得到如图 2-19 所示图形。

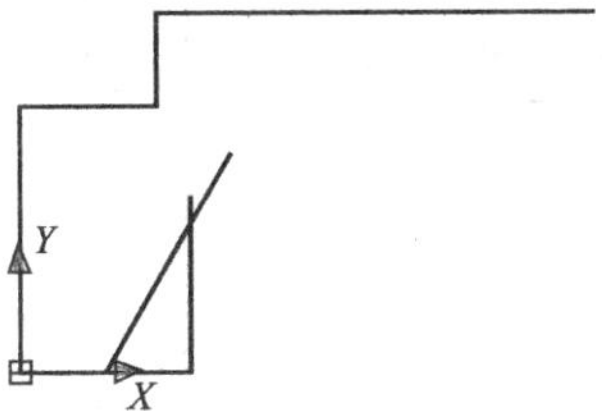

图 2-19　绘制斜线段

```
命令: _line 指定第一点:用鼠标拾取斜线段与垂直线段交点
指定下一点或 [放弃(U)]: @26,0
指定下一点或 [放弃(U)]: @0,-22
指定下一点或 [闭合(C)/放弃(U)]: @12,0
指定下一点或 [闭合(C)/放弃(U)]: @0,35
指定下一点或 [闭合(C)/放弃(U)]: @20 <142
指定下一点或 [闭合(C)/放弃(U)]: ↵
```

得到如图 2-20 所示图形。

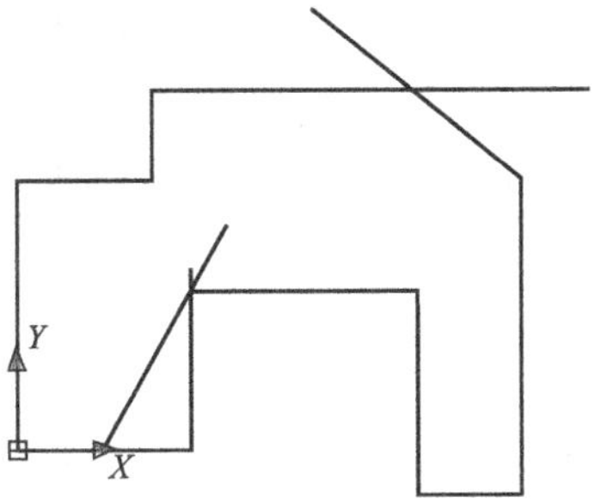

图 2-20　绘制图形右半部

2. 编辑图形

使用修剪命令修剪多余对象(图 2-21)，使用删除命令删除作图辅助线段(图 2-22)。

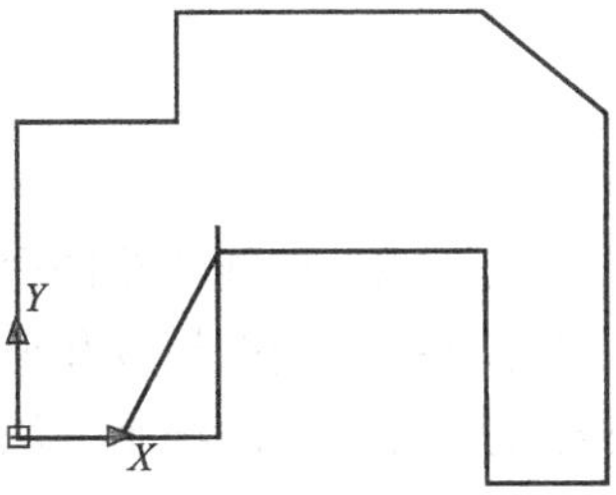

图 2-21　修剪超出直线段

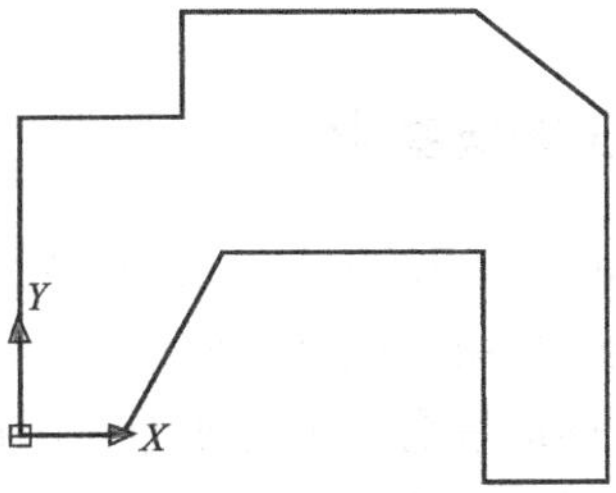

图 2-22　删除辅助直线段

习　　题

1. 绘制如图 2-23 所示的图形。
2. 绘制如图 2-24 所示的图形。

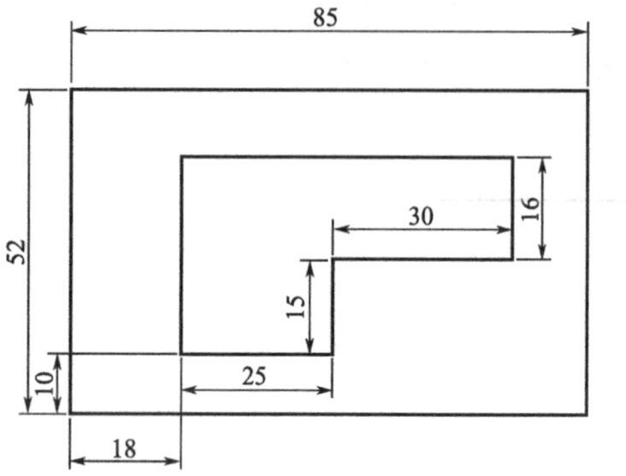

图 2-23　习题 1 图

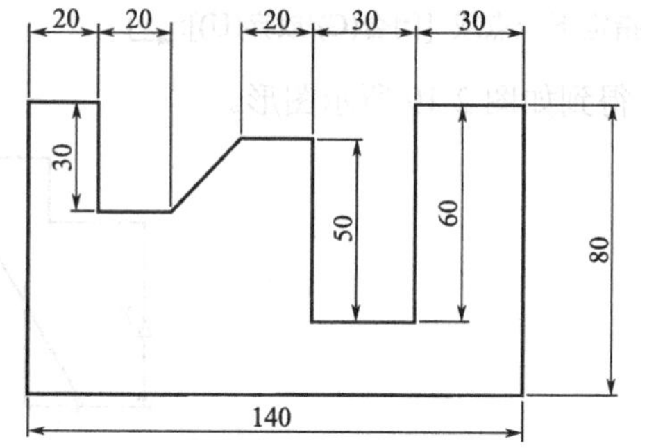

图 2-24　习题 2 图

3. 绘制如图 2-25 所示的图形。
4. 绘制如图 2-26 所示的图形。

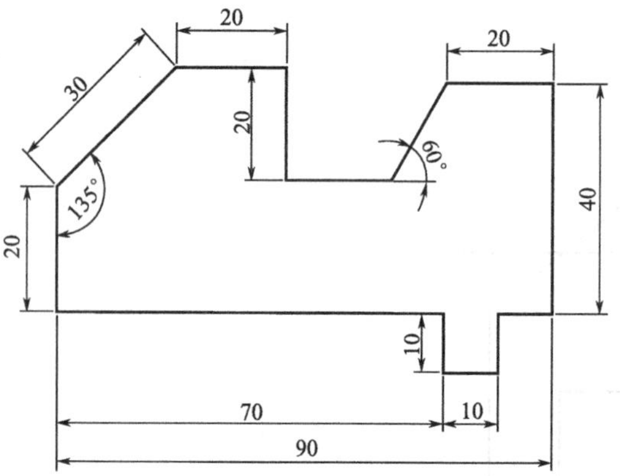

图 2-25　习题 3 图

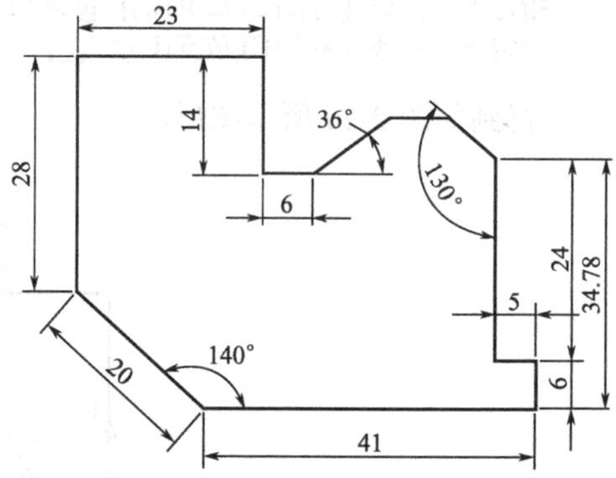

图 2-26　习题 4 图

任务二　多段线平面图形的绘制

一、任务与要求

在 AutoCAD 2009 中，使用“绘图”菜单中多段线、构造线、射线等绘图命令也可以创建直线对象，如果绘图精度要求高，可以通过精确绘图的方法提高绘图精度和速度，还可以通过复制、移动等命令很方便地对图形进行操作，要熟练地掌握它们的绘制方法和技巧，完成如图 2-27 中的图形。

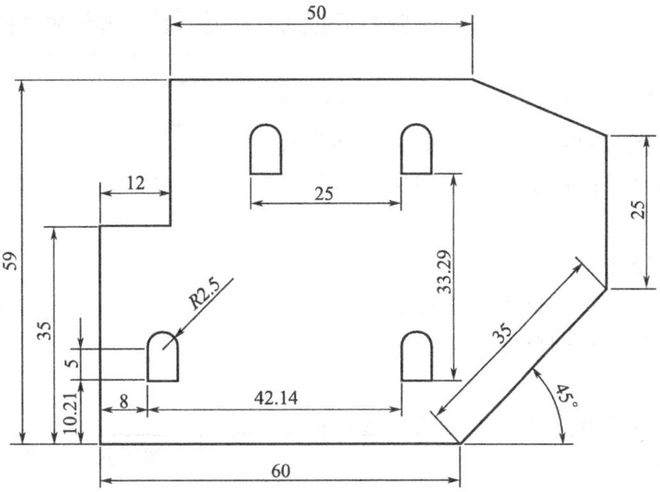

图 2-27　平面图形（二）

二、相关知识点

1. 精确绘图

在 AutoCAD 中设计和绘制图形时，如果对图形尺寸比例要求不太严格，可以大致输入图形的尺寸，用鼠标在图形区域直接拾取和输入。但是，有的图形对尺寸要求比较严格，必须按给定的尺寸严格绘图。这时可以通过常用的指定点坐标的方法来绘制图形，还可以使用系统提供的“捕捉”、“对象捕捉”、“对象追踪”等功能，如图 2-28 所示，在不输入坐标的情况下快速、精确地绘制图形。

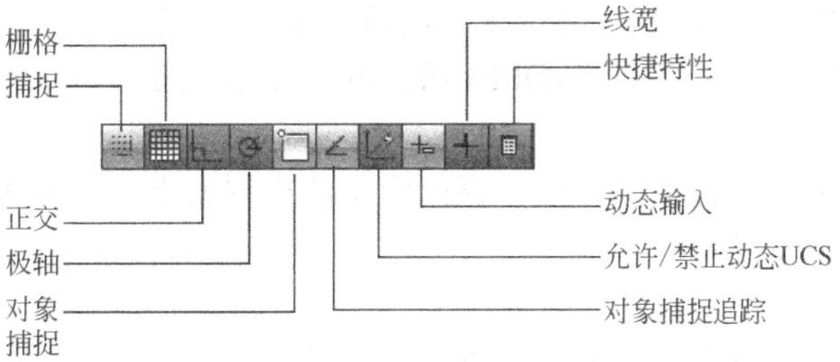

图 2-28　状态行

（1）使用坐标和坐标系 (UCS)

要精确地输入坐标，可以使用直角坐标、极坐标、相对坐标等几种坐标系输入方法。还可以使用一种可移动的坐标系，即用户坐标系 (UCS)，以便于输入坐标。

（2）设置捕捉和栅格

在绘制图形时，尽管可以通过移动光标来指定点的位置，但却很难精确指定点的某一位置。在 AutoCAD 中，使用“捕捉”和“栅格”功能，“捕捉”用于设定鼠标光标移动的间距。“栅格”是一些标定位置的小点，起坐标纸的作用，可以提供直观的距离和位置参照。可以用来精确定位点，提高绘图效率。

◆ 打开或关闭捕捉和栅格

要打开或关闭“捕捉”和“栅格”功能，可以选择以下几种方法。

➢ 在 AutoCAD 程序窗口的状态栏中，单击“捕捉”和“栅格”按钮。

➢ 按 F7 键打开或关闭栅格，按 F9 键打开或关闭捕捉。

➢ 选择“工具”→“草图设置”命令，打开“草图设置”对话框（图 2-29），在“捕捉和栅格”选项卡中选中或取消“启用捕捉”和“启用栅格”复选框。

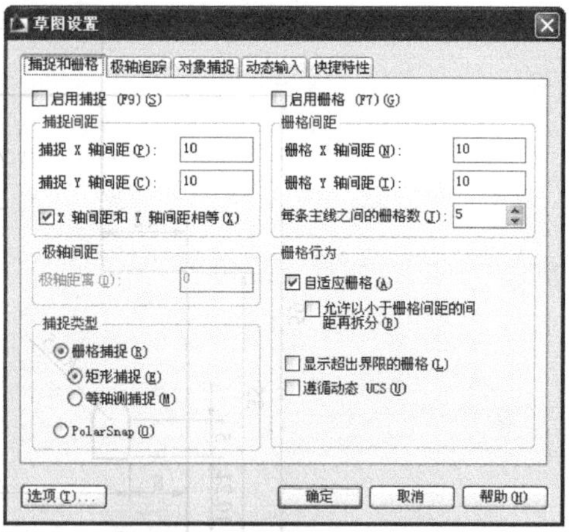

图 2-29 “草图设置”对话框

◆ 设置捕捉和栅格参数

利用“草图设置”对话框中的“捕捉和栅格”选项卡，可以设置捕捉和栅格的相关参数，各选项的功能如下。

【启用捕捉】：打开或关闭捕捉方式。选中该复选框，可以启用捕捉。

【捕捉】：设置捕捉间距、捕捉角度以及捕捉基点坐标。

【启用栅格】：打开或关闭栅格的显示。选中该复选框，可以启用栅格。

【栅格】：设置栅格间距。如果栅格的 *X* 轴和 *Y* 轴间距值为 0，则栅格采用捕捉 *X* 轴和 *Y* 轴间距的值。

【捕捉类型】：可以设置捕捉类型，包括“栅格捕捉”和“极轴捕捉”两种。

【栅格行为】：用于设置“视觉样式”下栅格线的显示样式（三维线框除外）。

◆ 使用 GRID 与 SNAP 命令

不仅可以通过“草图设置”对话框设置栅格和捕捉参数，还可以通过 GRID 与 SNAP 命令来设置。

➢ 使用 GRID 命令

在命令行键入 GRID 命令时，其命令行显示如下提示信息：

指定栅格间距(X) 或 [开(ON)/关(OFF)/捕捉(S)/主(M)/自适应(D)/界限(L)/跟随(F)/纵横向间距(A)] <10.0000>：

默认情况下，需要设置栅格间距值。该间距不能设置太小，否则将导致图形模糊及屏幕重画太慢，甚至无法显示栅格。

➢ 使用 SNAP 命令

执行 SNAP 命令时，其命令行显示如下提示信息。

指定捕捉间距或 [开(ON)/关(OFF)/纵横向间距(A)/样式(S)/类型(T)] <10.0000>：

默认情况下，需要指定捕捉间距，并使用“开(ON)”选项，以当前栅格的分辨率和样式激活捕捉模式；使用“关(OFF)”选项，关闭捕捉模式，但保留当前设置。

（3）使用正交模式

AuotCAD 提供的正交模式也可以用来精确定位点，它将定点设备的输入限制为水平或垂直。使用 ORTHO 命令，可以打开正交模式，用于控制是否以正交方式绘图。在正交模式下，可以方便地绘出与当前 *X* 轴或 *Y* 轴平行的线段。在 AutoCAD 程序窗口的状态栏中单击“正交模式”按钮，或按 F8 键，可以打开或关闭正交方式。打开正交功能后，输入的第 1 点是任意的，但当移动光标准备指定第 2 点时，引出的橡皮筋线已不再是这两点之间的连线，而是起点到光标十字线的垂直线中较长的那段线，此时单击，橡皮筋线就变成所绘直线。

（4）打开对象捕捉功能

在绘图的过程中，经常要指定一些对象上已有的点，例如端点、圆心和两个对象的交点等。如果只凭观察来拾取，不可能非常准确地找到这些点。在 AutoCAD 中，可以通过“对象捕捉”工具栏和“草图设置”对话框等方式调用对象捕捉功能，迅速、准确地捕捉到某些特殊点，从而精确地绘制图形。

◆“对象捕捉”工具栏（图 2-30）

在绘图过程中，当要求指定点时，单击“对象捕捉”工具栏中相应的特征点按钮，再把光标移到要捕捉对象上的特征点附近，即可捕捉到相应的对象特征点。

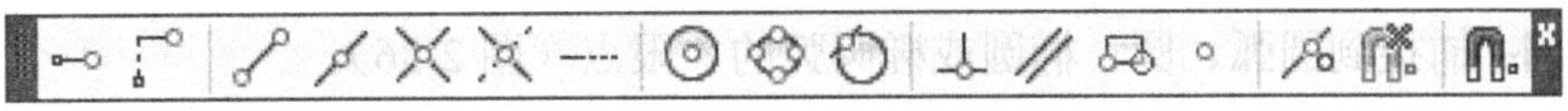

图 2-30　“对象捕捉”工具栏

◆ 使用自动捕捉功能

绘图的过程中，使用对象捕捉的频率非常高。为此，AutoCAD 又提供了一种自动对象捕捉模式。自动捕捉就是当把光标放在一个对象上时，系统自动捕捉到对象上所有符合条件的几何特征点，并显示相应的标记。如果把光标放在捕捉点上多停留一会，系统还会显示捕捉的提示。这样，在选点之前，就可以预览和确认捕捉点。

要打开对象捕捉模式，可在“草图设置”对话框的“对象捕捉”选项卡中（见图 2-31）选中“启用对象捕捉”复选框，然后在“对象捕捉模式”选项组中选中相应复选。

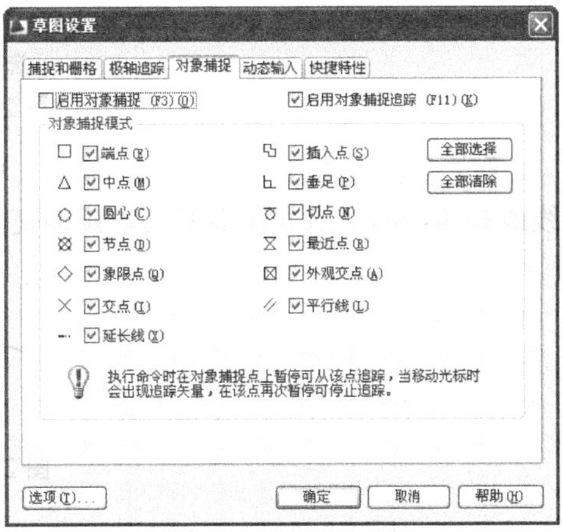

图 2-31　“对象捕捉”选项卡

【端点】：捕捉到圆弧、椭圆弧、直线、多行、多段线线段、样条曲线、面域或射线最近的端点，或捕捉宽线、实体或三维面域的最近角点（图 2-32）。

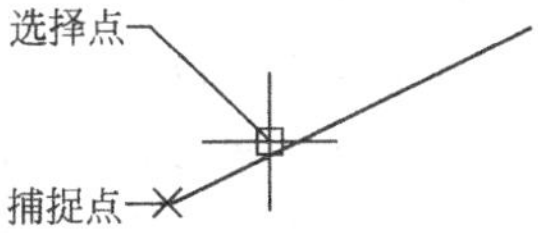

图 2-32　捕捉直线端点

【中点】：捕捉到圆弧、椭圆、椭圆弧、直线、多行、多段线线段、面域、实体、样条曲线或参照线的中点（图 2-33）。

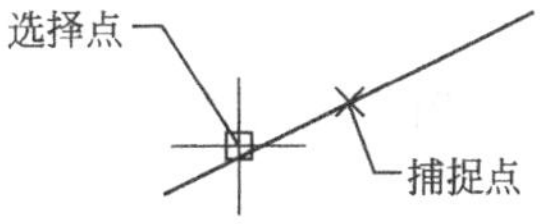

图 2-33　捕捉直线中点

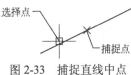

【中心】：捕捉到圆弧、圆、椭圆或椭圆弧的中心（图 2-34）。

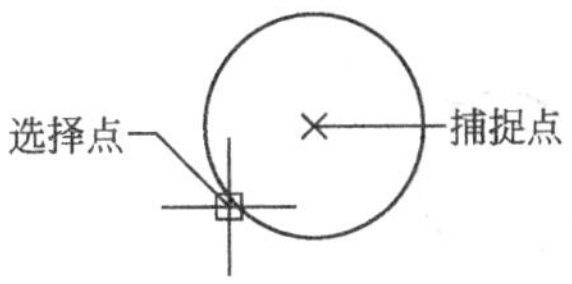

图 2-34　捕捉圆弧中心

【节点】：捕捉到点对象、标注定义点或标注文字原点（图 2-35）。

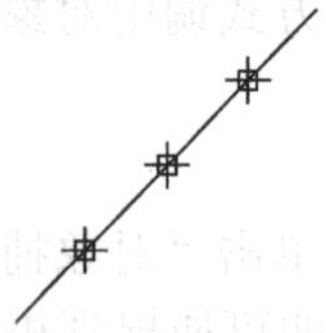

图 2-35　节点

【象限】：捕捉到圆弧、圆、椭圆或椭圆弧的象限点（图 2-36）。

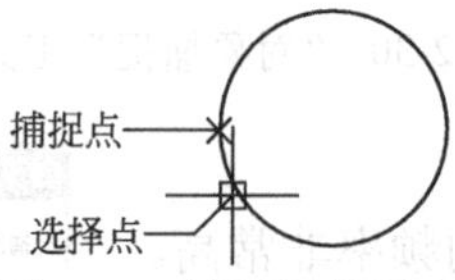

图 2-36　捕捉圆象限点

【交点】：捕捉到圆弧、圆、椭圆、椭圆弧、直线、多行、多段线、射线、面域、样条曲线或参照线的交点（图 2-37）。“延伸交点”不能用作执行对象捕捉模式。

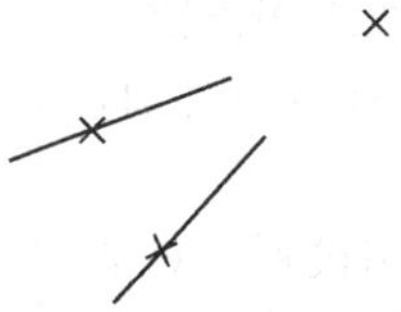

图 2-37　捕捉直线交点

注意：如果同时打开“交点”和“外观交点”执行对象捕捉，可能会得到不同的结果。

【延伸】：当光标经过对象的端点时，显示临时延长线或圆弧，以便用户在延长线或圆弧上指定点。

【插入点】：捕捉到属性、块、形或文字的插入点。

【垂足】：捕捉圆弧、圆、椭圆、椭圆弧、直线、多行、多段线、射线、面域、实体、样条曲线或参照线的垂足（图 2-38）。当正在绘制的对象需要捕捉多个垂足时，将自动打开“递延垂足”捕捉模式。可以用直线、圆弧、圆、多段线、射线、参照线、多行或三维实体的边作为绘制垂直线的基础对象。可以用“递延垂足”在这些对象之间绘制垂直线。当靶框经过“递延垂足”捕捉点时，将显示 AutoSnap 工具提示和标记。

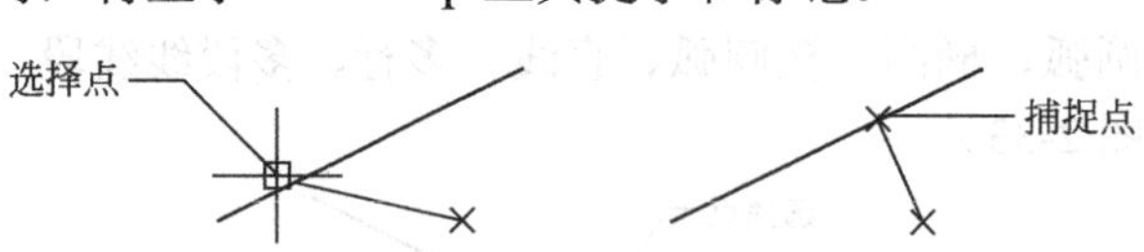

图 2-38　捕捉垂足

【切点】：捕捉到圆弧、圆、椭圆、椭圆弧或样条曲线的切点（图 2-39）。可以使用“递延切点”来绘制与圆弧、多段线圆弧或圆相切的直线或构造线。当靶框经过“递延切点”捕捉点时，将显示标记和 AutoSnap 工具提示。

图 2-39　捕捉圆切点

注意当用“自”选项结合“切点”捕捉模式来绘制除开始于圆弧或圆的直线以外的对象时，第一个绘制的点是与在绘图区域最后选定的点相关的圆弧或圆的切点。

【最近点】：捕捉到圆弧、圆、椭圆、椭圆弧、直线、多行、点、多段线、射线、样条曲线或参照线的最近点。

【外观交点】：捕捉到不在同一平面但是可能看起来在当前视图中相交的两个对象的外观交点。“延伸外观交点”不能用作执行对象捕捉模式。“外观交点”和“延伸外观交点”不能和三维实体的边或角点一起使用。

【平行】：将直线段、多段线线段、射线或构造线限制为与其他线性对象平行。与在其他对象捕捉模式中不同，用户可以将光标和悬停移至其他线性对象，直到获得角度。然后，将光标移回正在创建的对象。如果对象的路径与上一个线性对象平行，则会显示对齐路径，用户可将其用于创建平行对象。

注意：使用平行对象捕捉之前，请关闭 ORTHO 模式。在平行对象捕捉操作期间，会自动关闭对象捕捉追踪和 PolarSnap。使用平行对象捕捉之前，必须指定线性对象的第一点。

◆ 对象捕捉快捷菜单

当要求指定点时，可以按下 Shift 键或者 Ctrl 键，右击打开对象捕捉快捷菜单，如图 2-40 所示。选择需要的子命令，再把光标移到要捕捉对象的特征点附近，即可捕捉到相应的对象特征点。

◆ 运行和覆盖捕捉模式

在 AutoCAD 中，对象捕捉模式又可以分为运行捕捉模式和覆盖捕捉模式。

◆ 在“草图设置”对话框的“对象捕捉”选项卡中，设置的对象捕捉模式始终处于运行状态，直到关闭为止，称为运行捕捉模式。如果在点的命令行提示下输入关键字(如 MID、CEN、QUA 等)、单击“对象捕捉”快捷菜单中的工具或在对象捕捉快捷菜单中选择相应命令，只临时打开捕捉模式，称为覆盖捕捉模式，仅对本次捕捉点有效，在命令行中显示一个“于”标记。要打开或关闭运行捕捉模式，可单击状态栏上的“对象捕捉”按钮。设置覆盖捕捉模式后，系统将暂时覆盖运行捕捉模式。

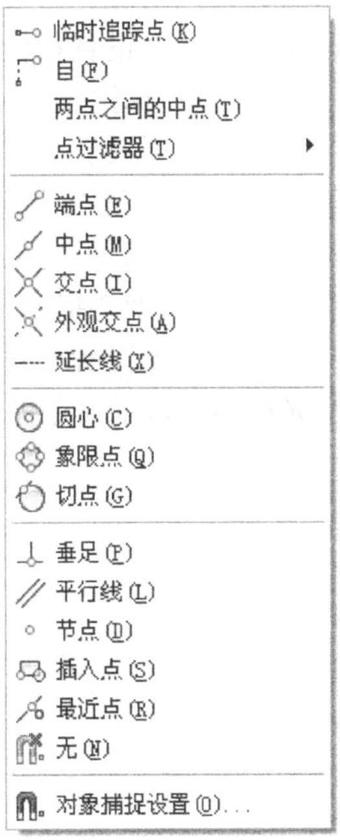

图 2-40　对象捕捉快捷菜单

（5）使用自动追踪

在 AutoCAD 中，自动追踪可按指定角度绘制对象，或者绘制与其他对象有特定关系的对象。自动追踪功能分极轴追踪和对象捕捉追踪两种，极轴追踪是按事先给定的角度增量来追踪特征点。而对象捕捉追踪则按与对象的某种特定关系来追踪，这种特定的关系确定了一个未知角度。也就是说，如果事先知道要追踪的方向(角度)，则使用极轴追踪；如果事先不知道具体的追踪方向(角度)，但知道与其他对象的某种关系(如相交)，则用对象捕捉追踪。极轴追踪和对象捕捉追踪可以同时使用。

◆ 使用自动追踪功能绘图

使用自动追踪功能可以快速而且精确地定位点，在很大程度上提高了绘图效率。在 AutoCAD2009 中，要设置自动追踪功能选项，可打开“极轴追踪”选项卡（图 2-41）控制自动追踪设置。

【启用极轴追踪】：打开或关闭极轴追踪。也可以通过按 F10 键或使用 AUTOSNAP 系统变量，来打开或关闭极轴追踪。

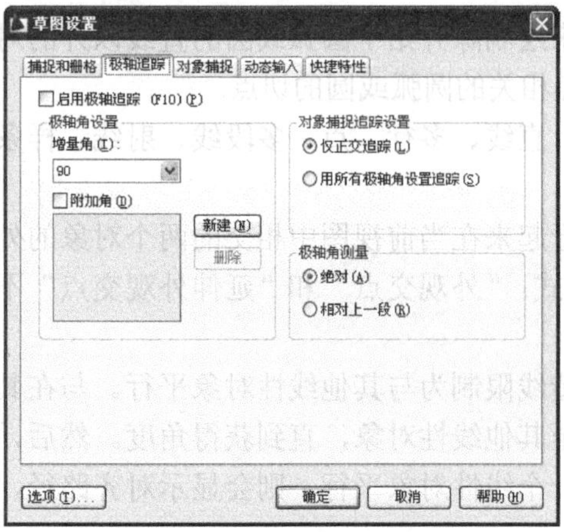

图 2-41 “极轴追踪”选项卡

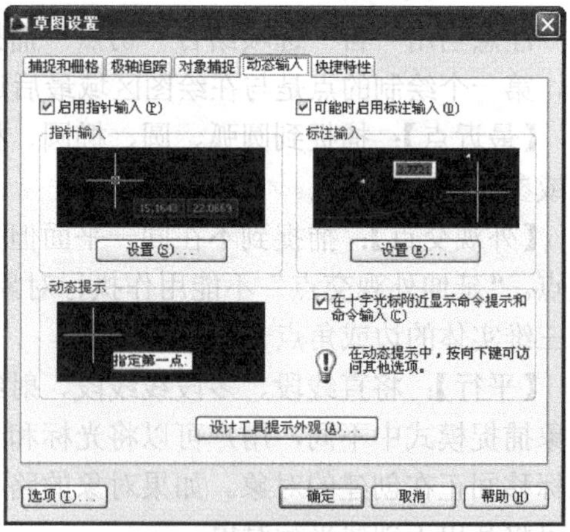

图 2-42 “动态输入”选项卡

【极轴角设置】：设置极轴追踪的对齐角度。“增量角”设置用来显示极轴追踪对齐路径的极轴角增量，可以输入任何角度，也可以从列表中选择 90、45、30、22.5、18、15、10 或 5 这些常用角度。“附加角”对极轴追踪使用列表中的任何一种附加角度。附加角度是绝对的，而非增量的，追踪中只出现一次。

【极轴角测量】：设置测量极轴追踪对齐角度的基准。“绝对”根据当前用户坐标系 (UCS) 确定极轴追踪角度。“相对上一段”根据上一个绘制线段确定极轴追踪角度。

（6）使用动态输入

在 AutoCAD 2009 中，使用动态输入功能（图 2-42）可以在指针位置处显示标注输入和命令提示等信息，从而极大地方便了绘图。

◆ 启用指针输入

在“草图设置”对话框的“动态输入”选项卡中，选中“启用指针输入”复选框可以启用指针输入功能。可以在“指针输入”选项组中单击“设置”按钮，使用打开的“指针输入设置”对话框设置指针的格式和可见性。

◆ 启用标注输入

在“草图设置”对话框的“动态输入”选项卡中，选中“可能时启用标注输入”复选框可以启用标注输入功能。在“标注输入”选项组中单击“设置”按钮，使用打开的“标注输入的设置”对话框可以设置标注的可见性。

◆ 显示动态提示

在“草图设置”对话框的“动态输入”选项卡中，选中“动态提示”选项组中的“在十字光标附近显示命令提示和命令输入”复选框，可以在光标附近显示命令提示，如图 2-43 所示。

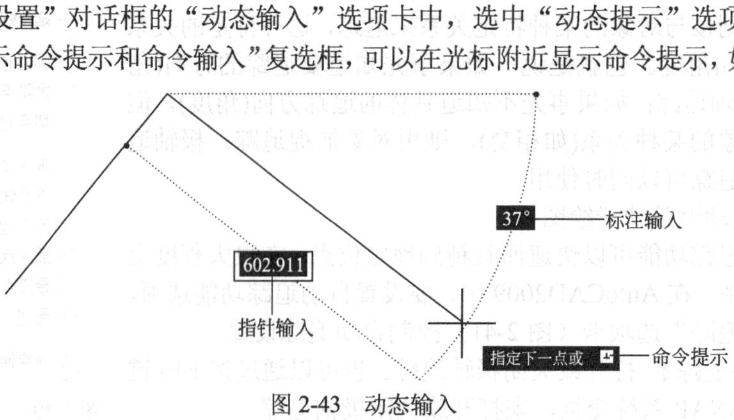

图 2-43 动态输入

2. AutoCAD 2009 **绘图命令**

（1）点

① 概念：点可以作为捕捉对象的节点。作为节点或参照几何图形的点对象对于对象捕捉和相对偏移非常有用。为使创建的点有更好的可见性并更容易地与栅格点区分开，可以通过格式菜单下的点样式相对于屏幕或使用绝对单位设置指定点对象的显示样式及大小。更改点的样式后，现有点的外观将在下次重新生成图形时改变。

② 操作：设置点的样式

菜单：格式(O) ➤ 点样式(P)

命令条目：ddptype

弹出“点样式”对话框，如图 2-44 所示。

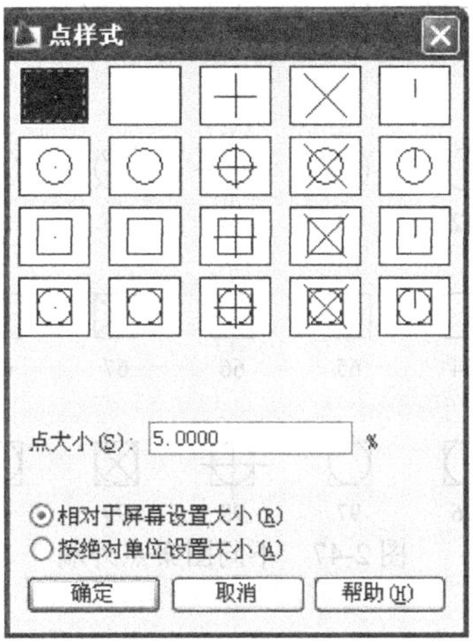

图 2-44 “点样式”对话框

③ 操作：创建点对象

工具栏：绘图

菜单：绘图(D) ➤ 点(O)

命令条目：point

绘图菜单中的点创建方式包含单点、多点、定数等分、定距等分四种方式，如图 2-45 所示。

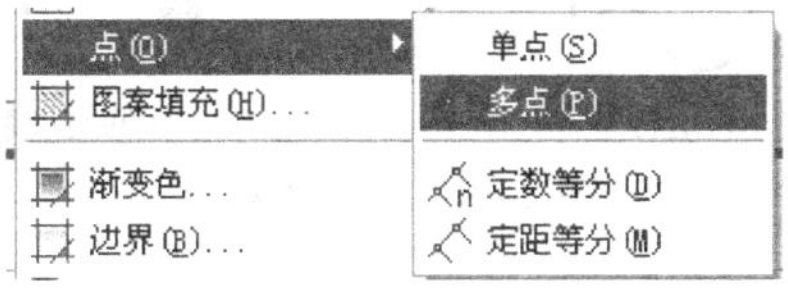

图 2-45 绘图菜单中的点命令

命令选项功能如表 2-3 所示。

④ 知识拓展：PDMODE 和 PDSIZE 系统变量控制点对象的外观。PDMODE 的值 0、2、3 和 4 指定通过该点绘制的图形。值 1 指定不显示任何图形，如图 2-46 所示。

表 2-3　命令选项功能

创建对象	选　项	功　能
点	单点（S）	点击一次命令只能创建一个点
	多点（P）	点击一次命令可以连续创建多个点
	定数等分（D）	沿选定对象等间距放置点对象
	定距等分（M）	沿选定对象按指定间隔放置点对象，从最靠近用于选择对象的点的端点处开始放置

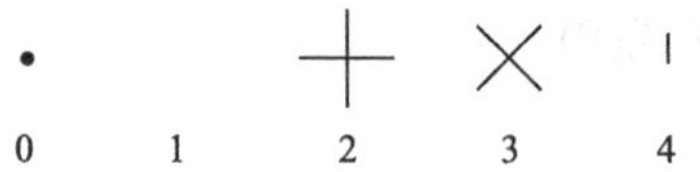

图 2-46　点外观

将值指定为 32、64 或 96，除了绘制通过点的图形外，还可以选择在点的周围绘制图形（图 2-47）。

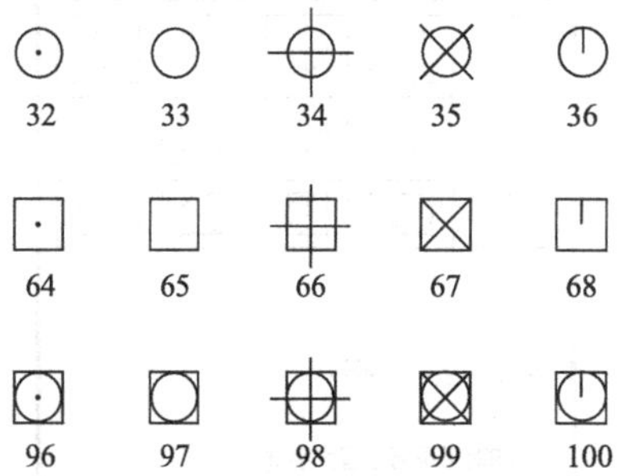

图 2-47　不同图案点外观

（2）多段线

① 概念：多段线是作为单个对象创建的相互连接的线段序列，可以绘制直线和圆弧相连的线条，并且所产生的线段是一个整体，具有宽度和厚度信息。适用于地形、等压和其他科学应用的轮廓素线、布线图和电路印刷板布局、流程图和布管图、三维实体建模的拉伸轮廓和拉伸路径（图 2-48）。

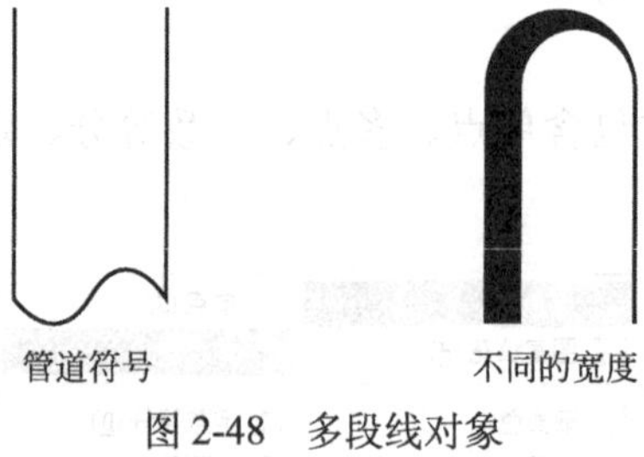

图 2-48　多段线对象

② 操作：创建二维多段线

工具栏：绘图

菜单：绘图(D) ➤ 多段线(P)

命令条目：pline

命令选项功能如表 2-4 所示。

表 2-4　命令选项功能

创建对象	选　项	功　能
多段线	圆弧	将弧线段添加到多段线中
	关闭	指定的最后一点到起点绘制线段，从而创建闭合的多段线
	半宽	指定从宽多段线线段的中心到其一边的宽度
	宽度	指定下一条直线段的宽度
	放弃	删除最近一次添加到多段线上的直线段
	长度	在与上一线段相同的角度方向上绘制指定长度的直线段。如果上一线段是圆弧，程序将绘制与该弧线段相切的新直线段

③ 练习绘制如图 2-49、图 2-50 所示的图形。

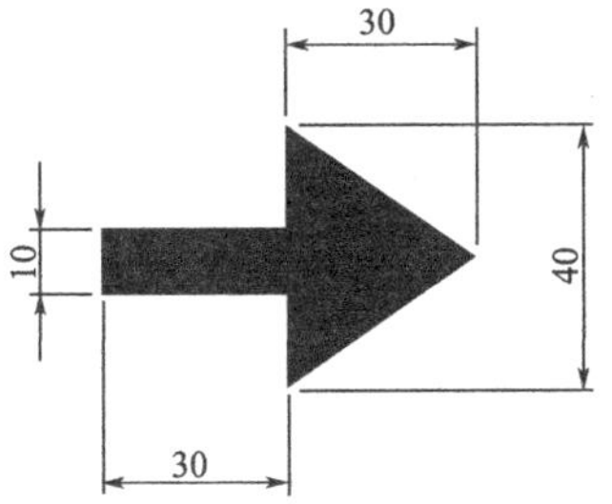

图 2-49　多段线练习（一）

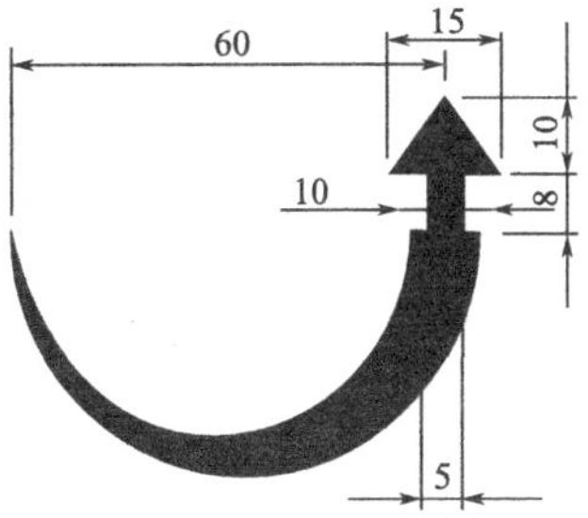

图 2-50　多段线练习（二）

（3）绘制构造线

① 概念：构造线为两端可以无限延伸的直线，没有起点和终点，可以放置在三维空间的任何地方，主要用于绘制辅助线，作为创建其他对象的参照或用于修剪边界，如图 2-51 所示。例如，可以用构造线查找三角形的中心、准备同一个项目的多个视图或创建临时交点用于对象捕捉。和其他对象一样，无限长线也可以移动、旋转和复制。

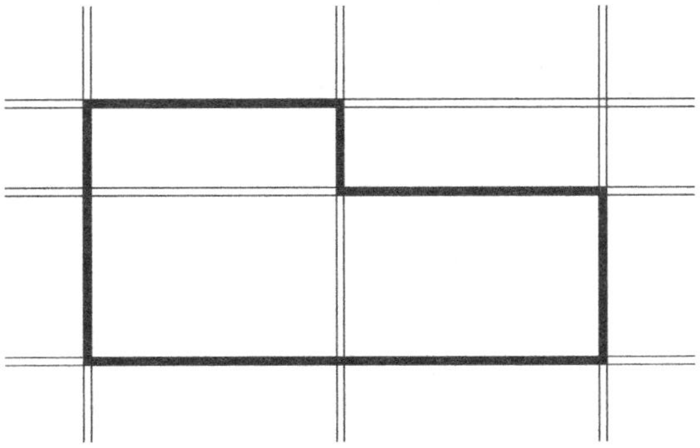

图 2-51　构造线

② 操作：创建无限长的直线

工具栏：绘图

菜单：绘图(D) ➤ 构造线(T)

命令条目：xline

命令选项功能如表 2-5 所示。

③ 练习（图 2-52）：先创建两条垂直相交的直线，然后按照图中条件创建三条构造线。

表 2-5　命令选项功能

命令	选　　项	功　　能
构造线	点	用无限长直线所通过的两点定义构造线的位置
	水平	创建一条通过选定点的水平（平行于 X 轴）参照线
	垂直	创建一条通过选定点的垂直（平行于 Y 轴）参照线
	二等分	创建一条参照线，它经过选定的角顶点，并且将选定的两条线之间的夹角平分
	偏移	创建平行于另一个对象的参照线

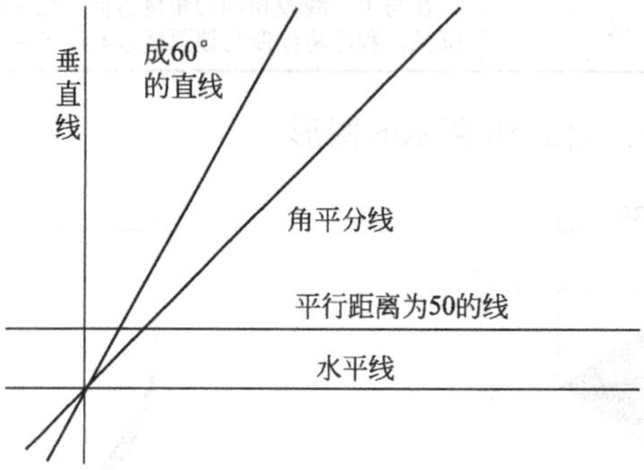

图 2-52　构造线

（4）绘制射线

① 概念：射线是三维空间中起始于指定点并且无限延伸的直线（图 2-53）。与在两个方向上延伸的构造线不同，射线仅在一个方向上延伸。使用射线代替构造线有助于降低视觉混乱。与构造线一样，显示图形范围的命令将忽略射线。

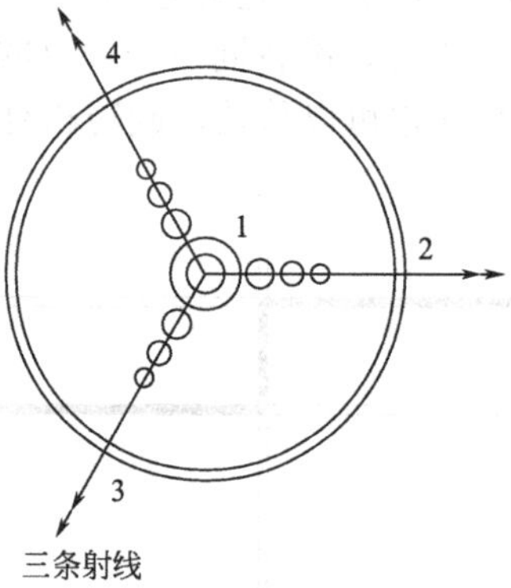

图 2-53　射线

② 操作：创建射线

菜单：绘图(D) ➤ 射线(R)

命令条目：ray

起点和通过点定义了射线延伸的方向，射线在此方向上延伸到显示区域的边界。重显示输入通过点的提示以便创建多条射线。按 ENTER 键结束命令。

3. AutoCAD 2009 **编辑命令**

（1）移动

① 概念：在图形绘制中经常需要将对象移动位置，可以通过移动命令以指定的角度和方

向移动对象。指定的两个点定义了一个矢量，用于指示选定对象要移动的距离和方向。如果在“指定第二个点”提示下按 ENTER 键，第一点将被解释为相对 X,Y,Z 位移。例如，如果指定基点为 (2,3) 并在下一个提示下按 ENTER 键，则该对象从它当前的位置开始在 X 方向上移动 2 个单位，在 Y 方向上移动 3 个单位。当使用坐标、栅格捕捉、对象捕捉和其他工具时可以精确移动对象。

② 操作：在指定方向上按指定距离移动对象

工具栏：修改

菜单：修改(M) ➤ 移动(V)

快捷菜单：选择要移动的对象，并在绘图区域中单击鼠标右键，单击“移动”。

命令条目：move

（2）复制

① 概念：当图形中有多个重复的对象时，可以先画出其中的一个，然后通过复制的方法以指定的角度和方向快捷创建出其他对象，如图 2-54 所示。默认情况下，自动重复复制（COPY）命令，按 ENTER 键退出该命令。

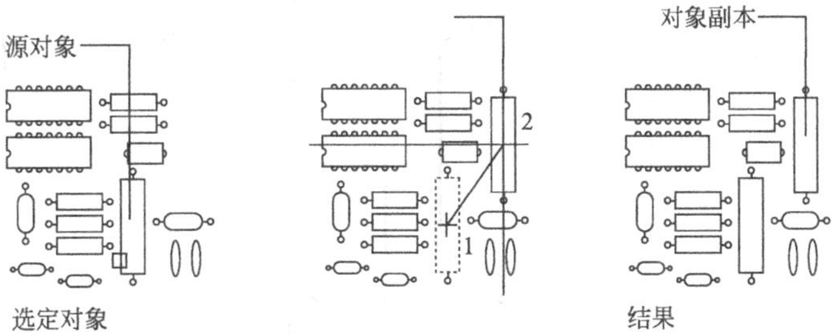

图 2-54　复制对象

② 操作：在指定方向上按指定距离复制对象

工具栏：修改

菜单：修改(M) ➤ 复制(Y)

快捷菜单：选择要复制的对象，在绘图区域中单击鼠标右键，单击“复制”。

命令条目：copy

三、平面图形绘图步骤

① 使用多段线命令（线宽 0.5mm）绘制直线段（图 2-55）。

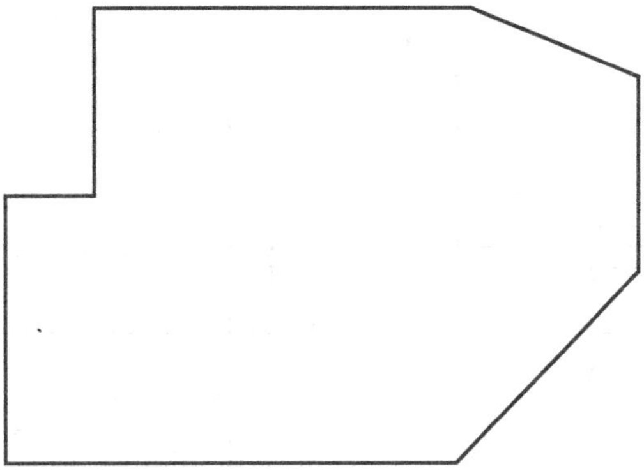

图 2-55　绘制多段线

② 使用多段线命令在图形左下角绘制带圆弧的多段线（图 2-56）。

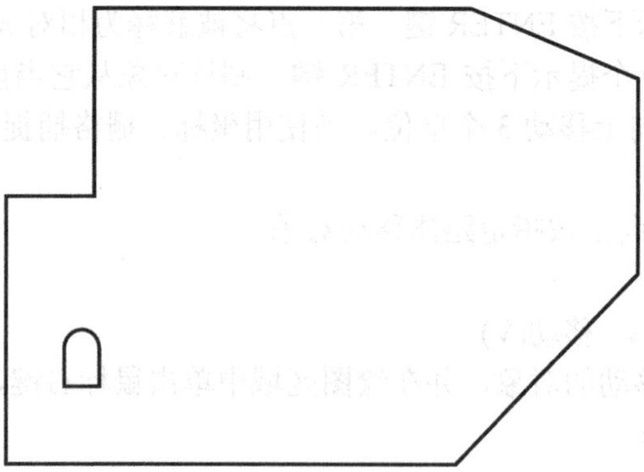

图 2-56　绘制带圆弧的多段线

③ 使用点命令创建图形复制的基点（图 2-57）。

④ 复制图形（图 2-58）。

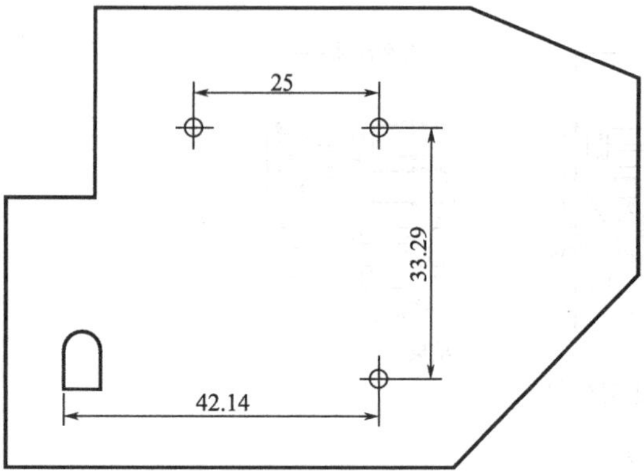

图 2-57　创建复制插入的基点

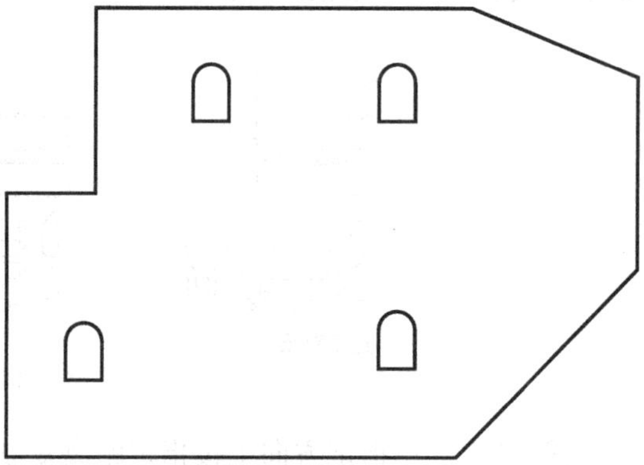

图 2-58　复制图形

习　　题

1. 绘制如图 2-59 所示的图形。

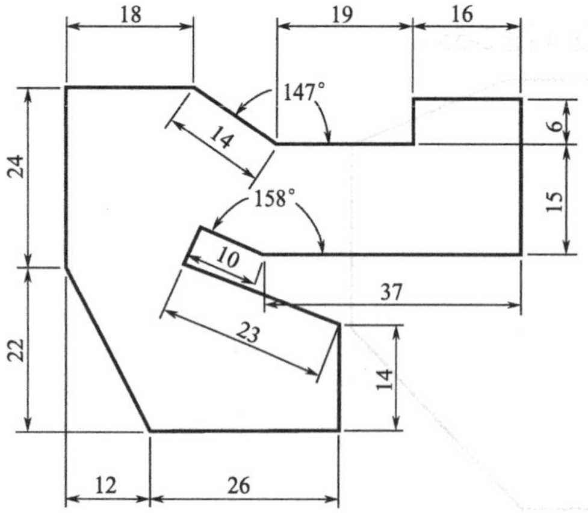

图 2-59　习题 1 图

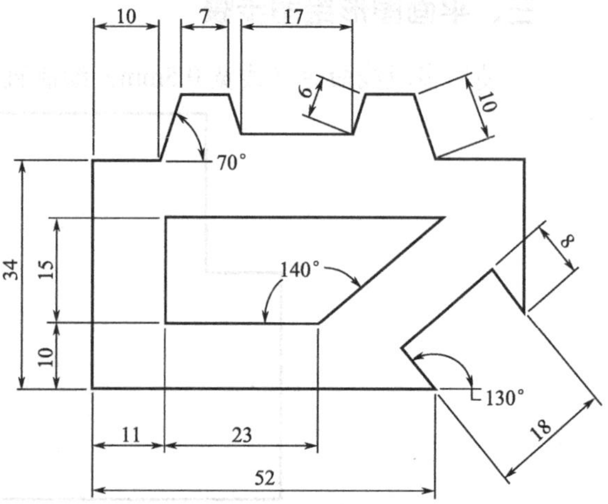

图 2-60　习题 2 图

2. 绘制如图 2-60 所示的图形。
3. 绘制如图 2-61 所示的图形。

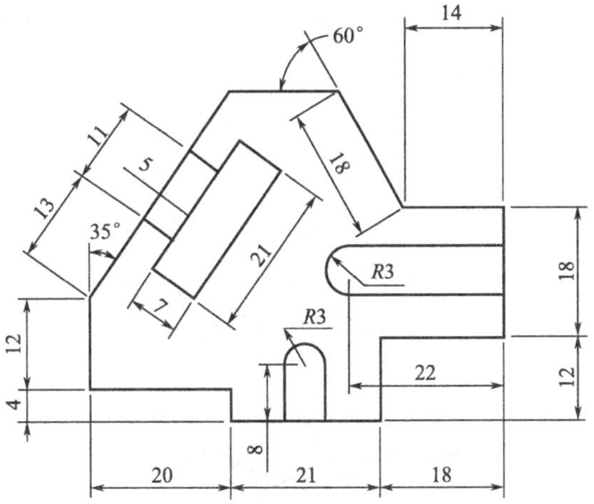

图 2-61　习题 3 图

任务三　圆弧类平面图形的绘制

一、任务与要求

平面图形中圆、圆弧、椭圆等是图形中常见的对象，在 AutoCAD 2009 中，使用“绘图”菜单中圆、圆弧、椭圆等绘图命令和镜像、偏移、旋转等编辑命令绘制任务中的图形，要熟练地掌握它们的绘制方法和技巧，并能使用图层管理对象，绘制图 2-62 中的图形。

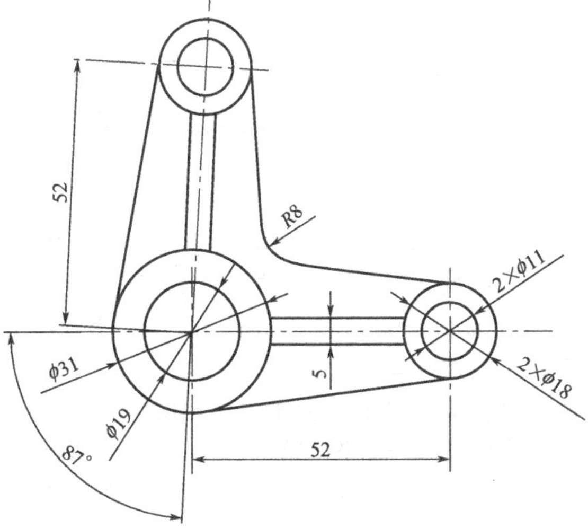

图 2-62　平面图形（三）

二、相关知识点

1. 图层

图层是 AutoCAD 提供的一个管理图形对象的工具，图层相当于图纸绘图中使用的重叠图纸（图 2-63）。用户可以根据图层对图形几何对象、文字、标注等进行归类处理，使用图层来管理它们，不仅能使图形的各种信息清晰、有序，便于观察，而且也会给图形的编辑、修改和输出带来很大的方便。AutoCAD 提供了图层特性管理器（图 2-64），利用该工具用户可以很方便地创建图层以及设置其基本属性。

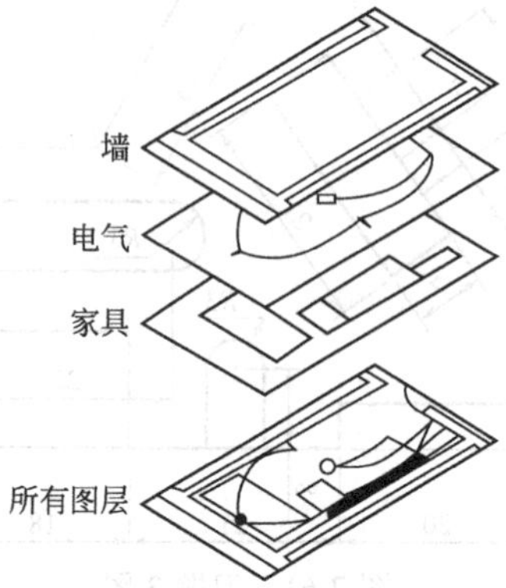

图 2-63　图层

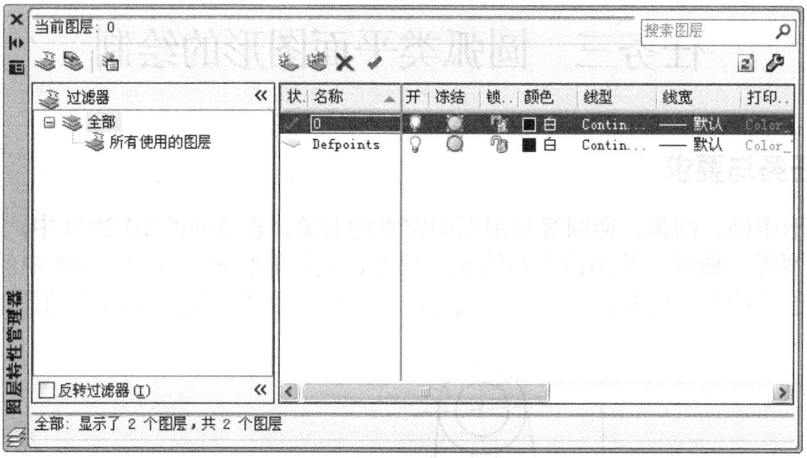

图 2-64　图层特性管理器

◆ 创建新图层

创建一个 AutoCAD 文件时，AutoCAD 将自动创建一个名为 0 的特殊图层。默认情况下，图层 0 将被指定使用 7 号颜色(白色或黑色，由背景色决定)、Continuous 线型、“默认”线宽及 normal 打印样式，用户不能删除或重命名该图层 0。在绘图过程中，如果用户要使用更多的图层来组织图形，就需要先创建新图层。

在“图层特性管理器”对话框中单击“新建图层”按钮，可以创建一个名称为“图层 1”的新图层。默认情况下，新建图层与当前图层的状态、颜色、线性、线宽等设置相同。

当创建了图层后，图层的名称将显示在图层列表框中，如果要更改图层名称，可单击该图层名，然后输入一个新的图层名并按 Enter 键即可。

◆ 设置图层颜色

颜色在图形中具有非常重要的作用，可用来表示不同的组件、功能和区域。图层的颜色实际上是图层中图形对象的颜色。每个图层都拥有自己的颜色，对不同的图层可以设置相同的颜色，也可以设置不同的颜色，绘制复杂图形时就可以很容易区分图形的各部分。

新建图层后，要改变图层的颜色，可在“图层特性管理器”对话框中单击图层的“颜色”列对应的图标，打开“选择颜色”对话框（图 2-65）。

图 2-65　“选择颜色”对话框

◆ 使用与管理线型

线型是指图形基本元素中线条的组成和显示方式，如虚线和实线等。在 AutoCAD 中既有简单线型，也有由一些特殊符号组成的复杂线型，以满足不同国家或行业标准的要求。在绘制图形时要使用线型来区分图形元素，这就需要对线型进行设置。默认情况下，图层的线型为 Continuous。要改变线型，可在图层列表中单击“线型”列的 Continuous，打开“线型管理器”对话框（图 2-66），在“已加载的线型”列表框中选择一种线型，然后单击“确定”按钮。

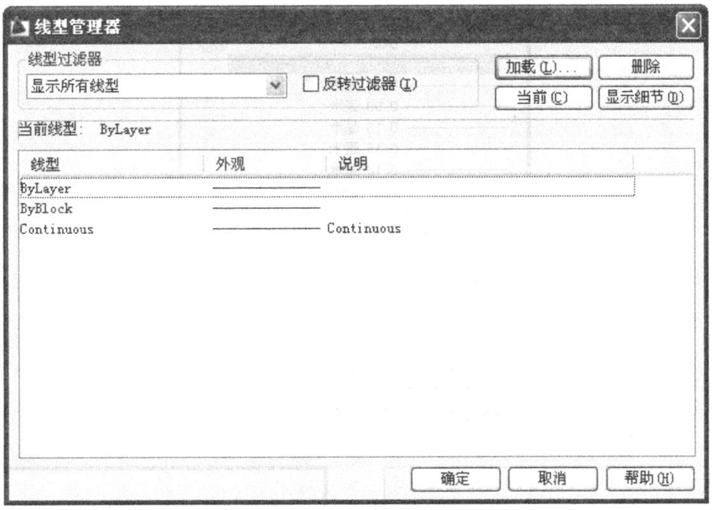

图 2-66　线型管理器

默认情况下，在“选择线型”对话框的“已加载的线型”列表框中只有 Continuous 一种线型，如果要使用其他线型，必须将其添加到“已加载的线型”列表框中。可单击“加载”按钮打开“加载或重载线型”对话框（图 2-67），从当前线型库中选择需要加载的线型，然后单击“确定”按钮。

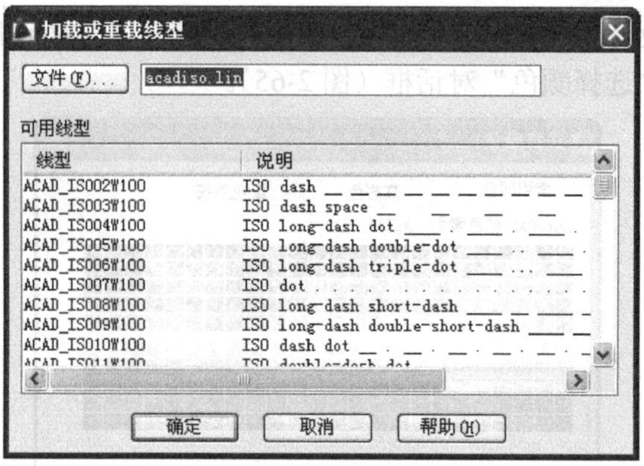

图 2-67　加载线型

◆ 设置图层线宽

线宽设置就是改变线条的宽度。在 AutoCAD 中，使用不同宽度的线条表现对象的大小或类型，可以提高图形的表达能力和可读性。

要设置图层的线宽，可以在“图层特性管理器”对话框的“线宽”列中单击该图层对应的线宽“——默认”，打开“线宽”对话框（图 2-68），有 20 多种线宽可供选择。也可以选择“格式”→“线宽”命令，打开“线宽设置”对话框，通过调整线宽比例，使图形中的线宽显示得更宽或更窄。

当在线宽中设置了 0.3mm 以上的线宽时，可以通过点击状态行中的线宽设置，来控制对象的线宽属性是否显示，如图 2-69 所示。

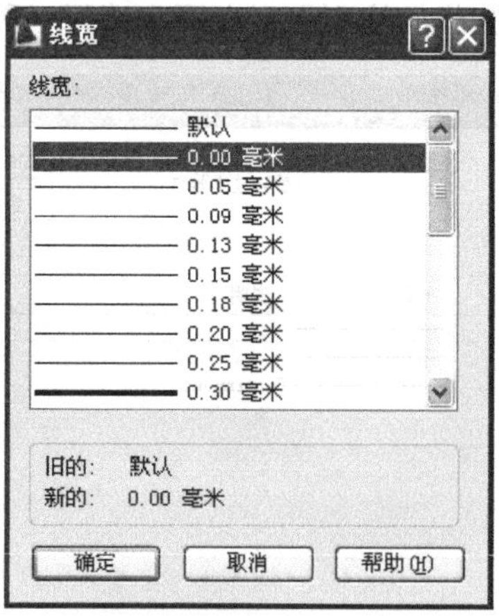

图 2-68　“线宽”选择对话框

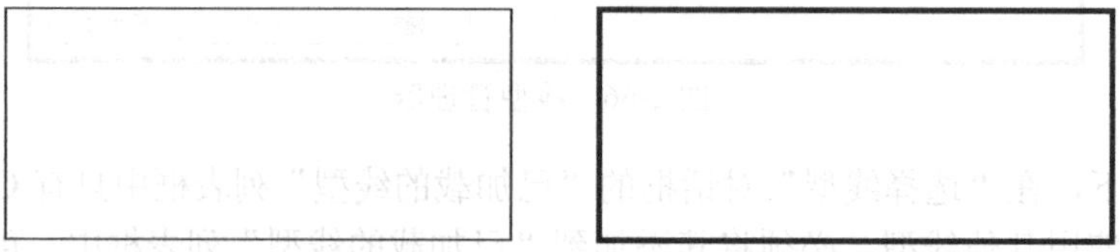

线宽关　　　　线宽开

图 2-69　线宽的显示

◆ 管理图层

在 AutoCAD 中，使用“图层特性管理器”对话框不仅可以创建图层，设置图层的颜色、线型和线宽，还可以对图层进行更多的设置与管理，如图层的切换、重命名、删除及图层的显示控制等。

➢ 设置图层特性

使用图层绘制图形时，新对象的各种特性将默认为随层，由当前图层的默认设置决定。也可以单独设置对象的特性，新设置的特性将覆盖原来随层的特性。在“图层特性管理器”对话框中，每个图层都包含状态、名称、打开/关闭、冻结/解冻、锁定/解锁、线型、颜色、线宽和打印样式等特性。

【名称】：显示图层名。可以选择图层名然后单击左键并输入新图层名。

【开/关】：→图层可见，可以打印；→图层不可见，不能打印。

【冻结/解冻】：→解冻；→冻结，冻结的图层不可见，也不可被打印，不参加重生成运算。

【解锁与锁定】：→可以编辑图层中的对象；→不能编辑图层中的对象。

【颜色】：单击□白色颜色符号，弹出“选择颜色”对话框，选择要设置的颜色单击“确定”按钮回到“图层特性管理器”对话框。

【线型】：单击 Continuous（连续线）线型名称，弹出“选择线型”对话框。单击“加载”按钮，弹出“加载和重载线型”对话框。

➢ 切换当前层

在“图层特性管理器”对话框的图层列表中，选择某一图层后，单击“当前图层”按钮，即可将该层设置为当前层。

在实际绘图时，为了便于操作，主要通过“图层”工具栏和“对象特性”工具栏（图 2-70）来实现图层切换，这时只需选择要将其设置为当前层的图层名称即可。若某一对象已经创建后想修改特性，可以先选中对象，然后选择“图层”工具栏中的某一图层后就可将对象的特性设置为该图层的特性。如果绘制完某一图形元素后，发现该元素并没有绘制在预先设置的图层上，可选中该图形元素，并在“对象特性”工具栏的图层控制下拉列表框中选择预设层名，然后按下 Esc 键来改变对象所在图层。也可不改变对象的图层直接选择“对象特性”工具栏中所需要的特性就可以实现。

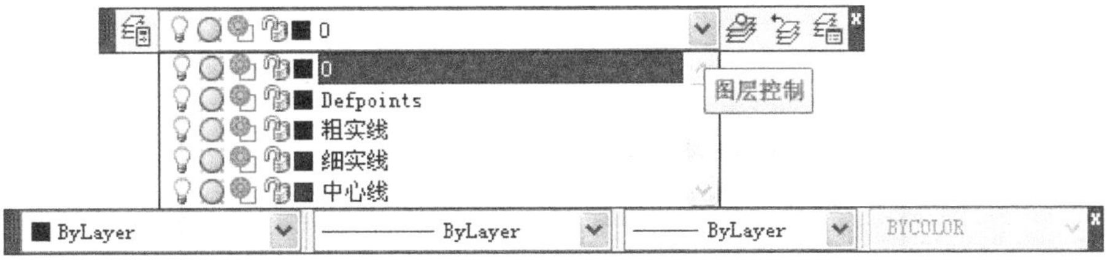

图 2-70　图层工具栏和对象特性工具栏

➢ 使用“图层过滤器特性”对话框过滤图层

在 AutoCAD 中，图层过滤功能大大简化了在图层方面的操作。图形中包含大量图层时，在“图层特性管理器”对话框（图 2-71）中单击“新特性过滤器”按钮，可以使用打开的“图层过滤器特性”对话框来命名图层过滤器。

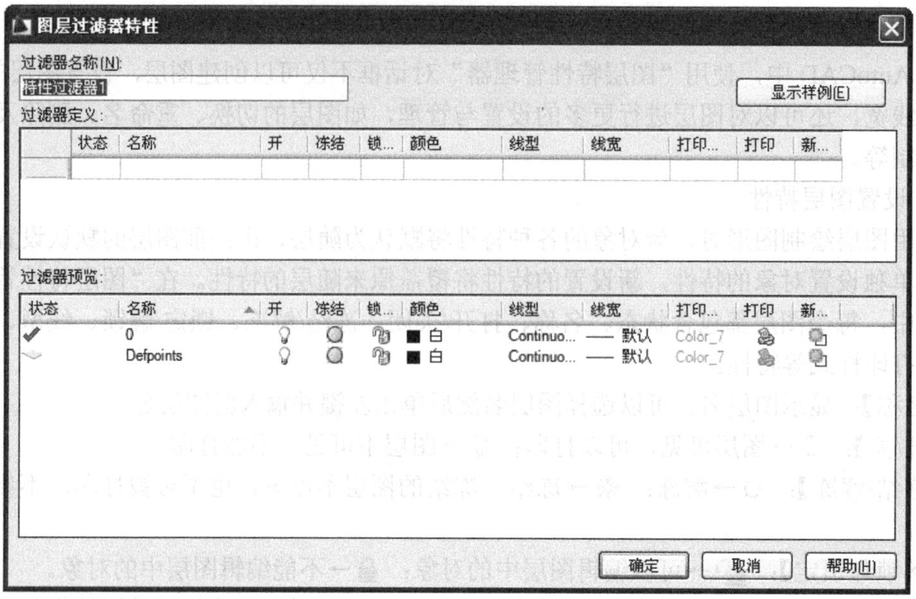

图 2-71 图层特性过滤器

➢ 保存与恢复图层状态

图层设置包括图层状态和图层特性。图层状态包括图层是否打开、冻结、锁定、打印和在新视口中自动冻结。图层特性包括颜色、线型、线宽和打印样式。可以选择要保存的图层状态和图层特性。例如，可以选择只保存图形中图层的“冻结/解冻”设置，忽略所有其他设置。恢复图层状态时，除了每个图层的冻结或解冻设置以外，其他设置仍保持当前设置。在 AutoCAD 2009 中，可以使用“图层状态管理器”对话框（图 2-72）来管理所有图层的状态。

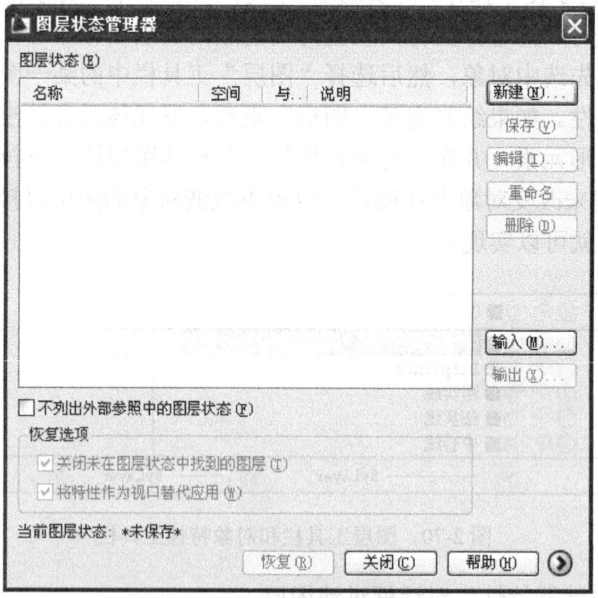

图 2-72 图层状态管理器

➢ 转换图层

使用“图层转换器”（图 2-73）可以转换图层，实现图形的标准化和规范化。“图层转换器”能够转换当前图形中的图层，使之与其他图形的图层结构或 CAD 标准文件相匹配。例如，如果打开一个与本公司图层结构不一致的图形时，可以使用“图层转换器”转换图层名称和属性，以符合同一公司的图形标准。

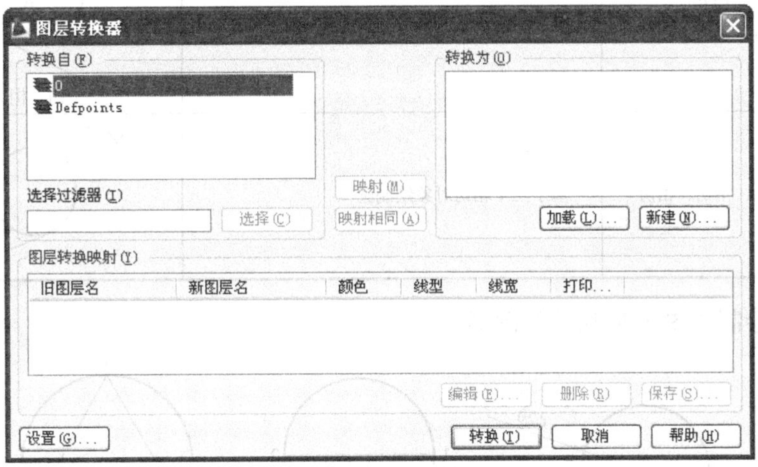

图 2-73　图层转换器

2. AutoCAD 2009 **绘图命令**

（1）绘制圆

① 概念：圆对象是机械设计中常用的元素，既可以作为独立对象，也可以作为通过修剪圆对象来创建圆弧对象。

② 操作：创建圆

工具栏：绘图

菜单：绘图(D) ➤ 圆(C)

命令条目：circle

命令选项功能如表 2-6 所示。

表 2-6　命令选项功能

命令	选　项	功　　能	简　　图
圆	圆心	基于圆心和直径（或半径）绘制圆	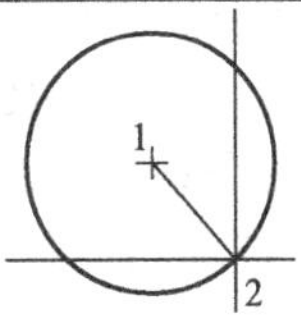 半径
	三点（3P）	基于圆周上的三点绘制圆	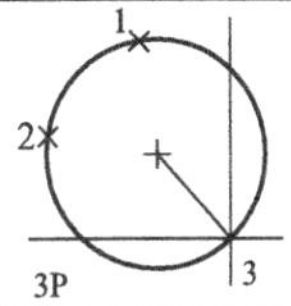 3P
	两点（2P）	基于圆直径上的两个端点绘制圆	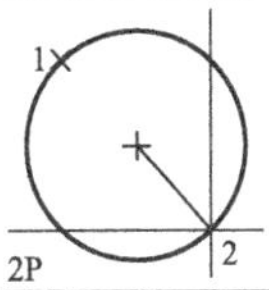 2P

续表

命令	选　项	功　能	简　图
圆	TTR （相切、相切、半径）	基于指定半径和两个相切对象绘制圆	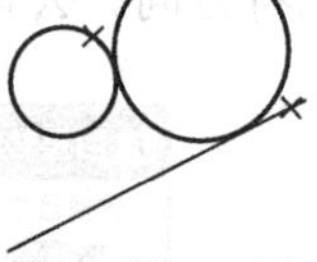 相切、相切、半径
	相切、相切、相切	基于三个相切对象绘制圆	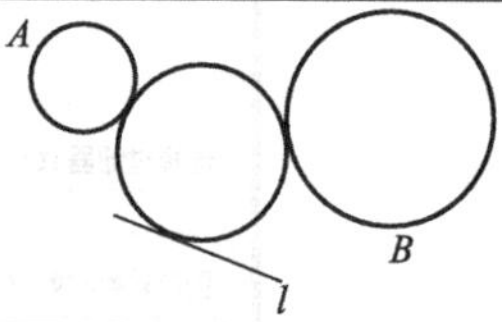

③ 练习绘制如图 2-74 所示的图形。

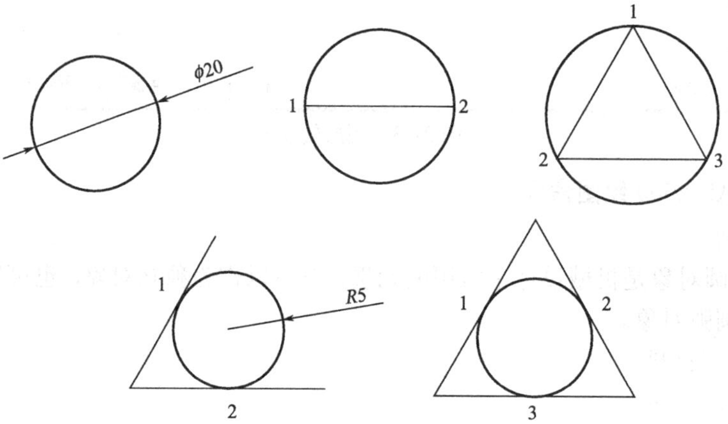

图 2-74　创建圆对象练习

（2）绘制圆弧

① 概念：圆弧对象也是机械设计中常用的元素，可以通过起点、圆心、端点、角度、方向、半径等参数构建圆弧对象。

② 操作：创建圆弧

工具栏：绘图

菜单：绘图(D) ➤ 圆弧(A)（扩展菜单见图 2-75）

命令条目：arc

命令选项功能如表 2-7 所示。

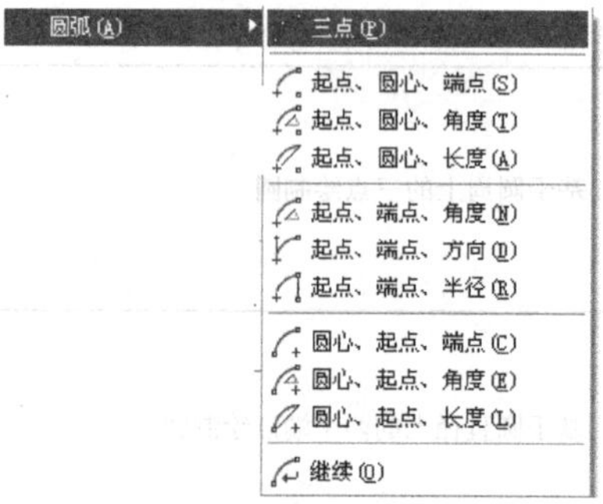

图 2-75　圆弧扩展菜单

表 2-7　命令选项功能

命令	选　项	功　能	简　图
	三点	通过三个指定点可以顺时针或逆时针指定圆弧	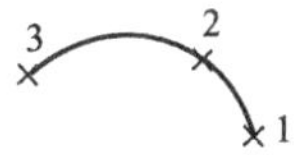
	起点、圆心、端点	使用圆心，从起点向终点逆时针绘制圆弧。终点将落在从第三点到圆心的一条假想射线上	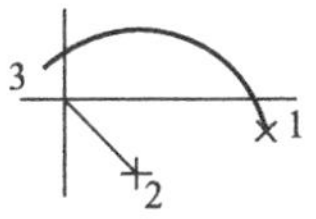
	起点、圆心、角度	使用圆心，从起点按指定包含角逆时针绘制圆弧。如果角度为负，将顺时针绘制圆弧	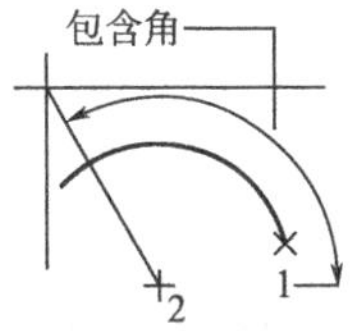
	起点、圆心、长度	基于起点和终点之间的直线距离绘制劣弧或优弧	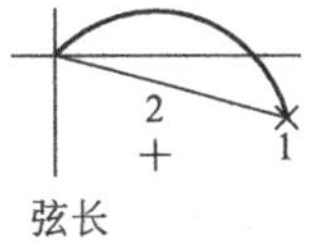
	起点、端点、角度	按指定包含角从起点 1 向终点 2 逆时针绘制圆弧。如果角度为负，将顺时针绘制圆弧	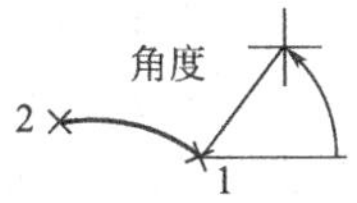
圆弧	起点、端点、方向	绘制圆弧在起点处与指定方向相切	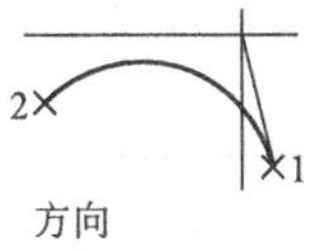
	起点、端点、半径	从起点 1 向终点 2 逆时针绘制一条劣弧。如果半径为负，将绘制一条优弧	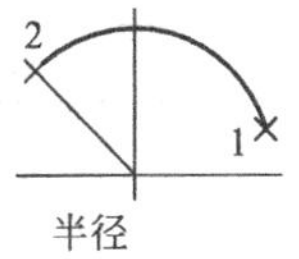
	圆心、起点、端点	从起点 1 向终点逆时针绘制圆弧。终点将落在从圆心 2 到指定点 3 的一条假想射线上	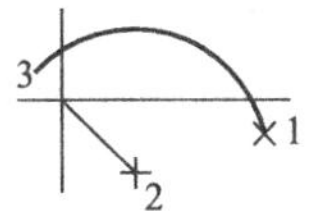
	圆心、起点、角度	使用圆心 2，从起点 1 按指定包含角逆时针绘制圆弧。如果角度为负，将顺时针绘制圆弧	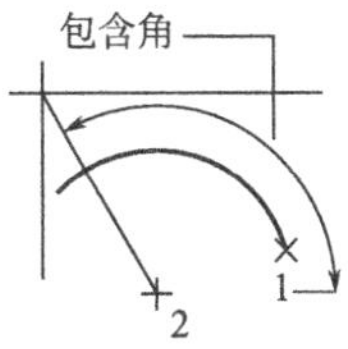
	圆心、起点、长度	基于起点和终点之间的直线距离绘制劣弧或优弧	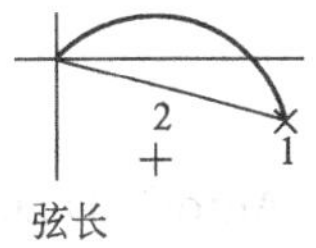
	继续	通过指定点继续绘制圆弧	

③ 练习绘制如图 2-76 所示图形。

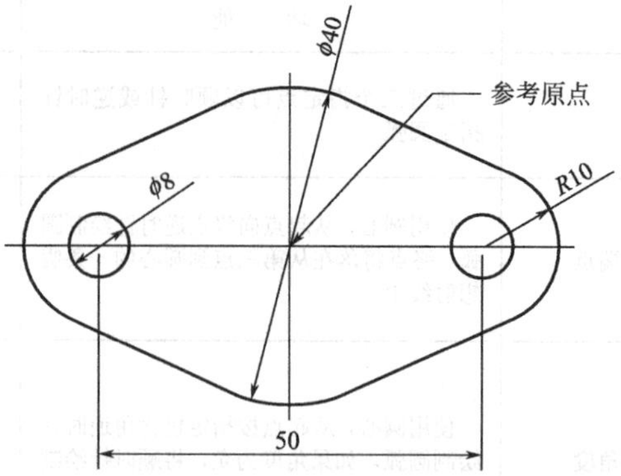

图 2-76　创建圆弧对象练习

（3）绘制椭圆

① 概念：椭圆由定义其长度和宽度的两条轴决定。较长的轴称为长轴，较短的轴称为短轴。

② 操作：创建椭圆或椭圆弧

工具栏：绘图 或

菜单：绘图(D) ➤ 椭圆(E)

命令条目：ellipse

命令选项功能如表 2-8 所示。

表 2-8　命令选项功能

命令	选　项	功　　能
偏移	轴端点	根据两个端点定义椭圆的第一条轴
	圆弧	创建一段椭圆弧
	中心	通过指定的圆心来创建椭圆
	等轴测圆	在当前等轴测绘图平面绘制一个等轴测圆。仅在 SNAP 的“样式”选项设置为“等轴测”时才可用

③ 练习绘制如图 2-77 所示的图形。

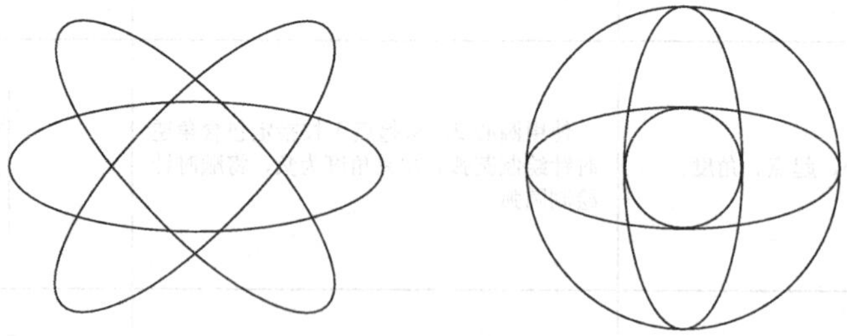

图 2-77　创建椭圆对象练习

3. AutoCAD 2009 编辑命令

（1）镜像

① 概念：可以绕指定轴翻转对象创建对称的镜像图像。镜像对创建对称的对象非常有用，因为可以快速地绘制半个对象，然后将其镜像，而不必绘制整个对象，如图 2-78 所示。

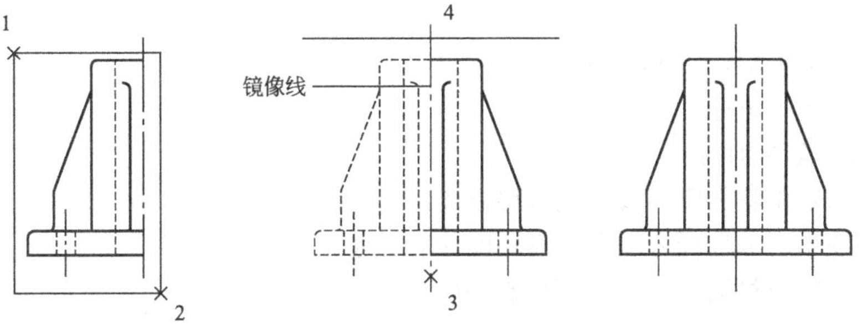

使用窗口选定的对象　　使用两点定义的镜像直线　　保留原对象的结果

图 2-78　镜像功能

② 操作：创建选定对象的镜像副本

工具栏：修改

菜单：修改(M) ➤ 镜像(I)

命令条目：mirror

操作步骤：

步骤 1：使用对象选择方法选择需要镜像的对象并按 ENTER 键结束命令。

步骤 2：指定镜像线并按 ENTER 键结束命令。

指定的两个点将成为直线的两个端点，选定对象相对于这条直线被镜像，镜像线既可以是真实存在的直线，也可以不是真实存在的直线。

③ 知识拓展：默认情况下，镜像文字对象时，不更改文字的方向。通过 MIRRTEXT 系统变量控制文字是否镜像。当 Mirrtext=0 关闭文字镜像，当 Mirrtext=1 打开文字镜像，如图 2-79 所示。

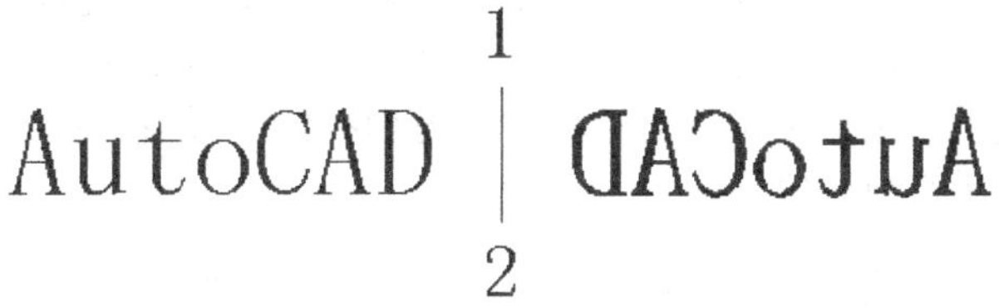

图 2-79　文字镜像控制

（2）偏移

① 概念：用于创建造型与选定对象造型平行的新对象，可以进行偏移操作的对象有直线、圆弧、圆、椭圆和椭圆弧、二维多段线、构造线（参照线）和射线、样条曲线，当偏移圆或圆弧可以创建更大或更小的圆或圆弧，如图 2-80 所示。

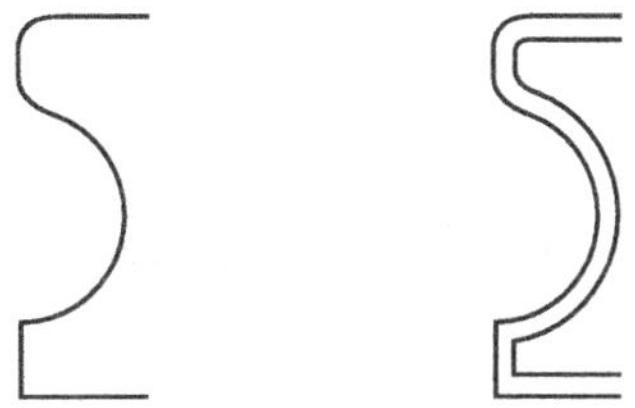

多段线　　带有偏移的多段线

图 2-80　偏移功能

② 操作：创建同心圆、平行线和平行曲线

工具栏：修改

菜单：修改(M) ➤ 偏移(S)

命令条目：offset

操作步骤（图 2-81）：

步骤 1：指定偏移的距离或其他偏移方式。

步骤 2：使用对象选择方法选择需要偏移的对象。

步骤 3：指定偏移侧并按 ENTER 键结束命令。

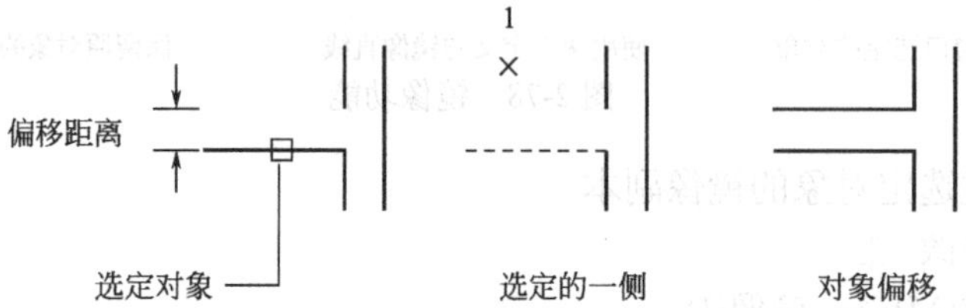

图 2-81　偏移操作步骤

命令选项功能如表 2-9 所示。

表 2-9　命令选项功能

命令	选　项	功　　能
偏移	偏移距离	在距现有对象指定的距离处创建对象
	通过	创建通过指定点的对象
	删除	偏移源对象后将其删除
	图层	确定将偏移对象创建在当前图层上还是源对象所在的图层上

（3）旋转

① 概念：通过选择一个基点和一个相对或绝对的旋转角可以旋转对象。指定一个相对角度将从对象当前的方向以相对角度围绕基点旋转对象，如图 2-82 所示。对象是按逆时针还是按顺时针旋转，取决于“图形单位”对话框中“方向控制”设置。指定一个绝对角度会从当前角度将对象旋转到新的绝对角度。

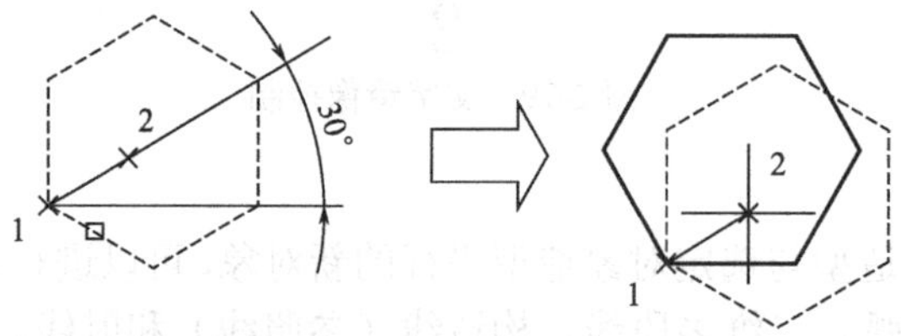

图 2-82　旋转功能

② 操作：围绕基点旋转对象

工具栏：修改

菜单：修改(M) ➤ 旋转(R)

快捷菜单：选择要旋转的对象，在绘图区域中单击鼠标右键，单击“旋转”。

命令条目：rotate

操作步骤：

步骤 1：使用对象选择方法选择需要旋转的对象。

步骤 2：指定旋转基点。

步骤 3：输入旋转的角度按 ENTER 键结束命令。

（4）倒角

① 概念：倒角连接两个对象，使它们以平角或倒角相接。倒角使用成角的直线连接两个对象。它通常用于表示角点上的倒角边，如图 2-83 所示。

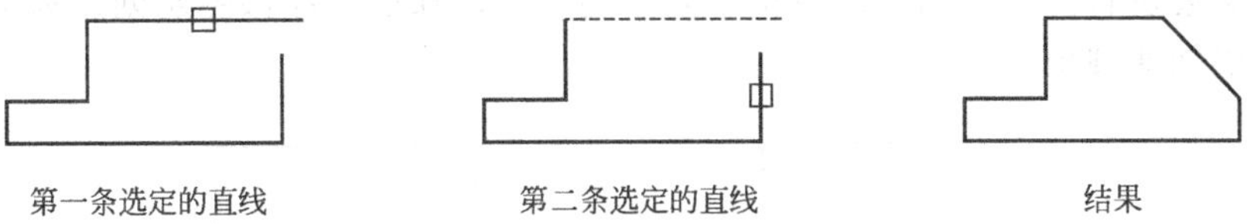

图 2-83　倒角功能

可以倒角的对象有直线、多段线、射线、构造线、三维实体，如果要被倒角的两个对象都在同一图层，则倒角线将位于该图层。否则，倒角线将位于当前图层上。使用“多个”选项可以为多组对象倒角而无需结束命令。

② 操作：给对象加倒角

工具栏：修改

菜单：修改(M) ➤ 倒角(C)

命令条目：chamfer

命令选项功能如表 2-10 所示。

表 2-10　命令选项功能

命令	选　项	功　　能
倒角	第一条直线	指定定义二维倒角所需的两条边中的第一条边或要倒角的三维实体的边
	放弃	恢复在命令中执行的上一个操作
	多段线	对整个二维多段线倒角（图 2-84）
	距离	设置倒角至选定边端点的距离（图 2-85）
	角度	用第一条线的倒角距离和第二条线的角度设置倒角距离（图 2-86）
	修剪	控制 CHAMFER 是否将选定的边修剪到倒角直线的端点
	方式	控制 CHAMFER 使用两个距离还是一个距离和一个角度来创建倒角
	多个	为多组对象的边倒角

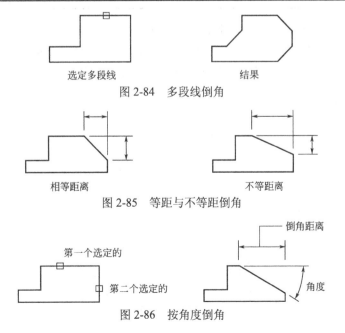

图 2-84　多段线倒角

图 2-85　等距与不等距倒角

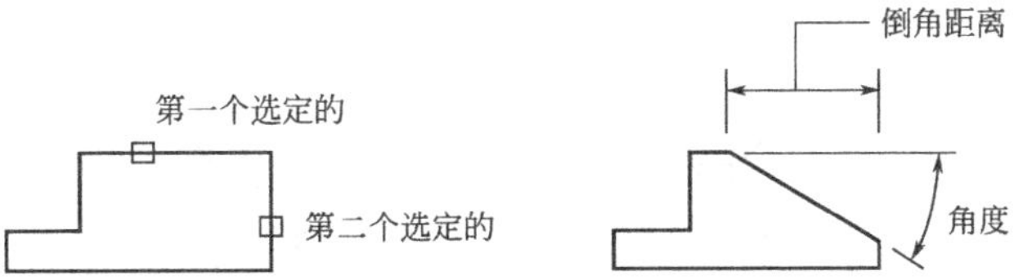

图 2-86　按角度倒角

（5）倒圆

① 概念：圆角使用与对象相切并且具有指定半径的圆弧连接两个对象，如图 2-87 所示。可以圆角的对象有圆弧、圆、椭圆和椭圆弧、直线、多段线、射线、样条曲线、构造线、三维实体。如果要进行圆角的两个对象位于同一图层上，那么将在该图层创建圆角弧。否则，将在当前图层创建圆角弧。

图 2-87　倒圆角

② 操作：给对象加圆角

工具栏：修改

菜单：修改(M) ➤ 圆角(F)

命令条目：fillet

命令选项功能如表 2-11 所示。

表 2-11　命令选项功能

命令	选　项	功　　能
倒角	第一条直线	选择定义二维圆角所需的两个对象中的第一个对象，或选择三维实体的边以便给其加圆角
	放弃	恢复在命令中执行的上一个操作
	多段线	在二维多段线中两条线段相交的每个顶点处插入圆角弧
	半径	定义圆角弧的半径
	修剪	控制 FILLET 是否将选定的边修剪到圆角弧的端点
	多个	给多个对象集加圆角

③ 知识拓展：在图案填充过程中如果图形不封闭无法填充时，可以使用倒圆角命令，在可能未相交的两线段间创建一个零作为半径的圆角，则可实现图形的封闭。当在圆之间和圆弧之间有多个圆角存在，选择靠近期望的圆角端点的对象创建所需要的圆弧，如图 2-88 所示。

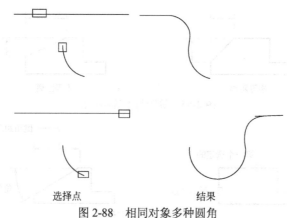

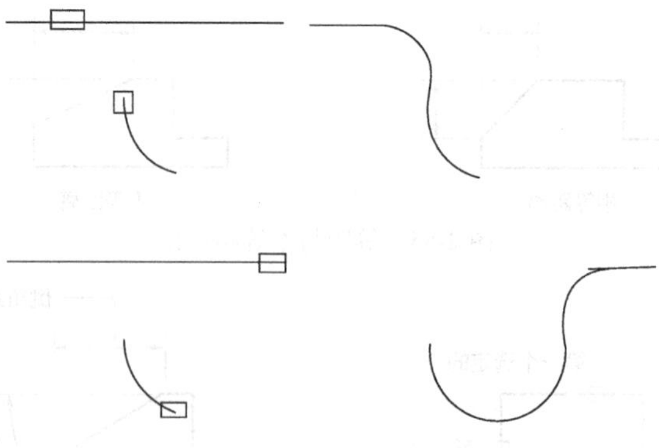

图 2-88　相同对象多种圆角

三、平面图形绘图步骤

① 构建绘图图层，绘制中心线，作出作图基准（图 2-89）。

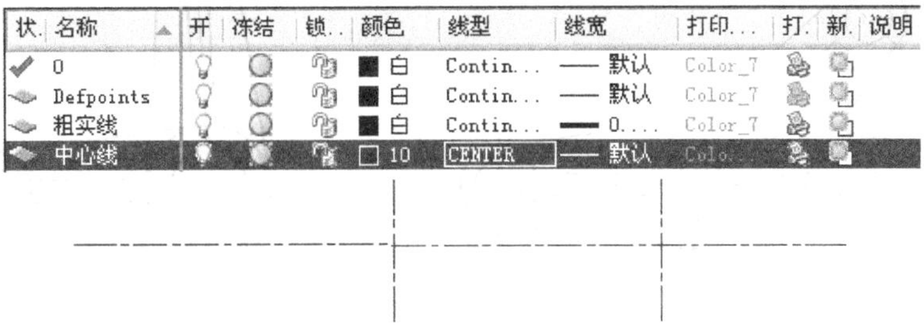

图 2-89　绘制作图基准

② 绘制基本图形（图 2-90）。

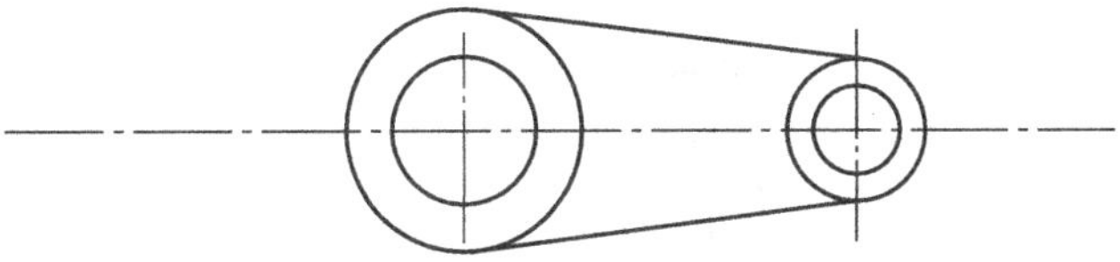

图 2-90　绘制基本图形

③ 使用偏移命令对中心线分别进行上下偏移，偏移距离 2.5mm（图 2-91）。

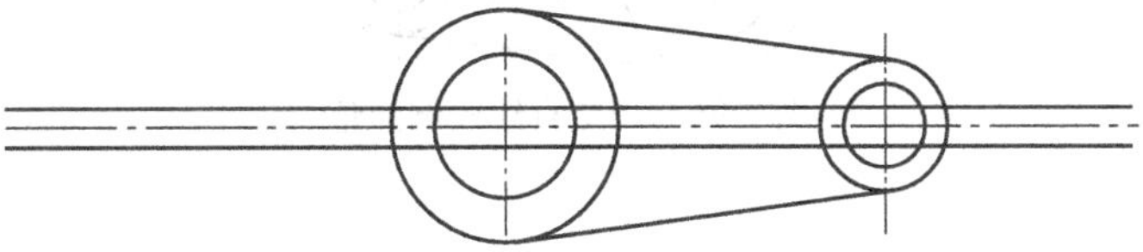

图 2-91　偏移中心线并修改对象特性

④ 使用修剪和删除命令，将偏移的直线多余部分修剪、删除掉（图 2-92）。

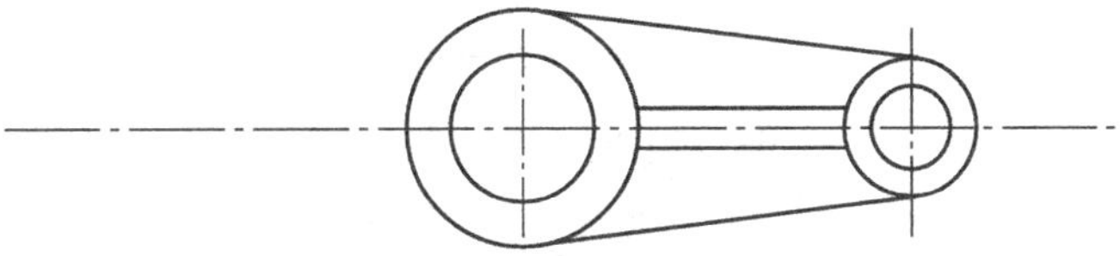

图 2-92　修剪超出直线段

⑤ 使用镜像命令，以最大圆的垂直轴线为镜像轴，对图形的右半部分进行镜像操作（图 2-93）。

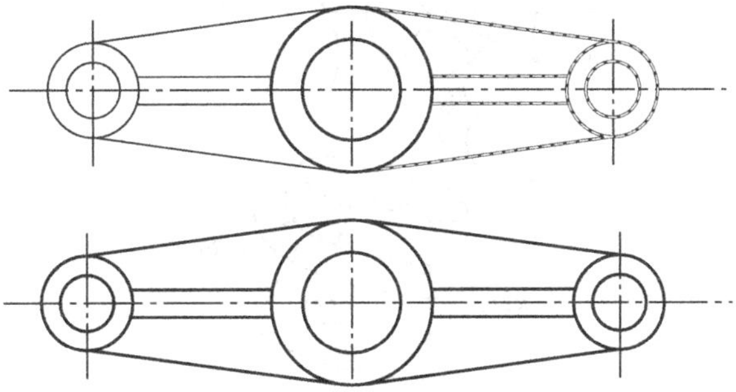

图 2-93　镜像对象

⑥ 使用旋转命令，对图形的左半部分进行旋转(图 2-94)。

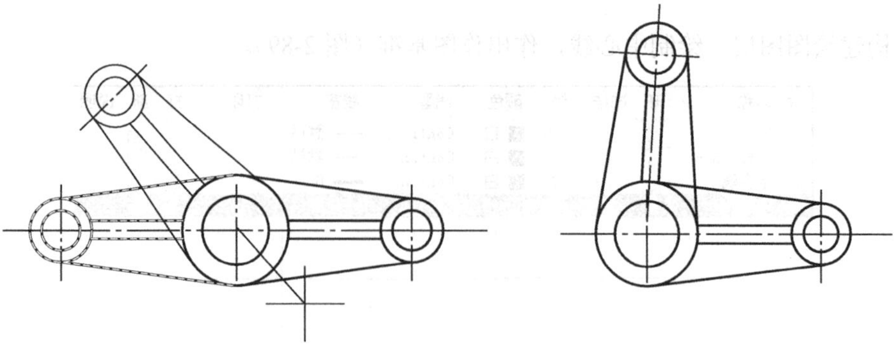

图 2-94　旋转对象

⑦ 使用倒圆命令，对两相交直线倒圆角（图 2-95）。

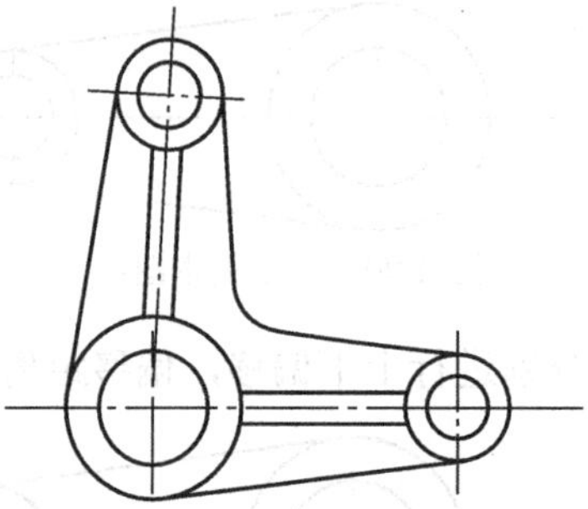

图 2-95　相交直线段倒圆角

习　　题

1. 绘制如图 2-96 所示的图形。

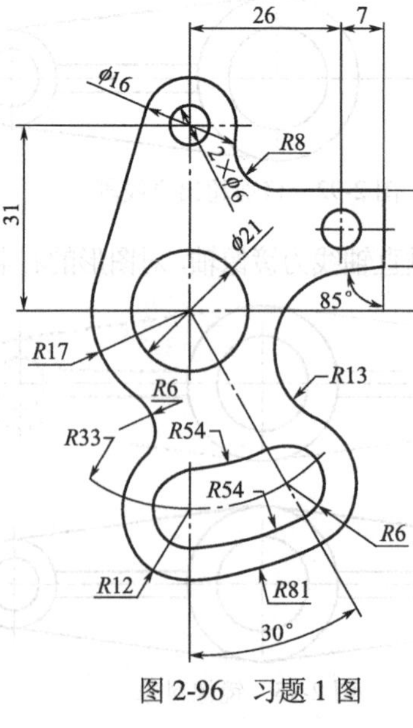

图 2-96　习题 1 图

2. 绘制如图 2-97 所示的图形。

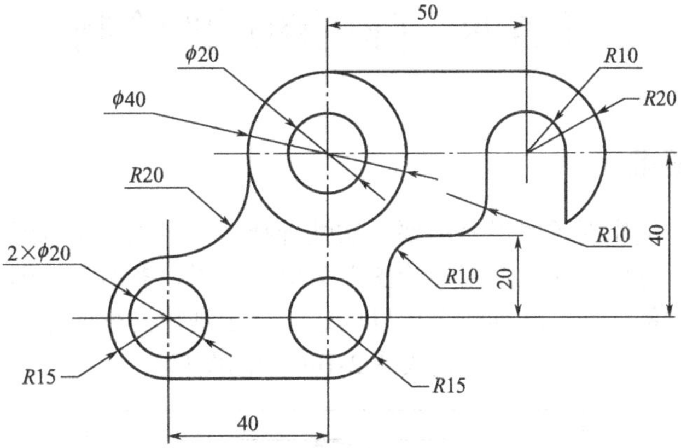

图 2-97　习题 2 图

3. 绘制如图 2-98 所示的图形。

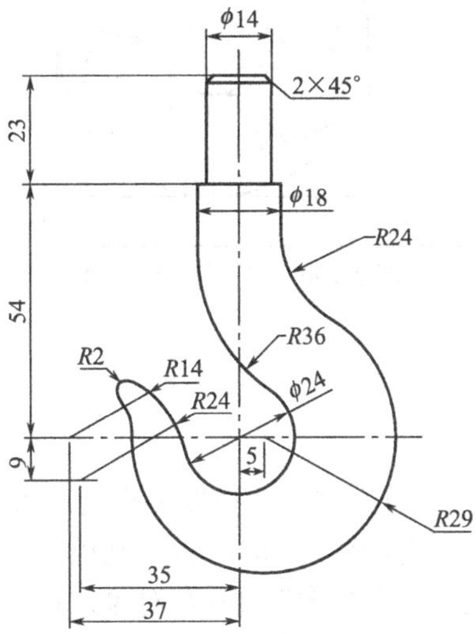

图 2-98　习题 3 图

4. 绘制如图 2-99 所示的图形。

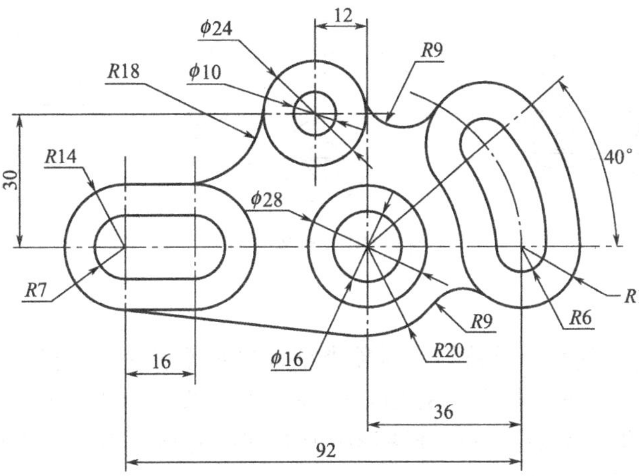

图 2-99　习题 4 图

任务四 阵列图形的绘制

一、任务与要求

在 AutoCAD 中编辑对象时经常需要一次性选择多个对象，可以通过构建选择集来实现快速准确的拾取目标对象。通过使用“绘图”菜单中矩形、多边形绘图命令可以创建三条边以上的各种多边形对象，通过阵列命令可以创建按一定规矩排列的相同对象，通过练习熟练地掌握相关命令的绘制方法和技巧，完成图 2-100 中的图形。

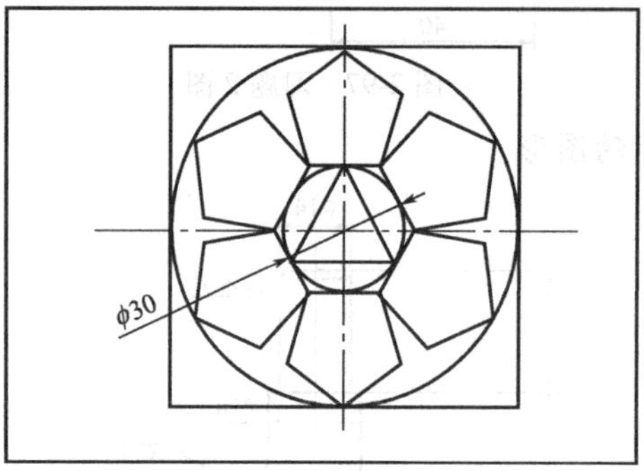

图 2-100 平面图形（四）

二、相关知识点

1. 选择集

在对图形进行编辑操作之前，首先需要选择要编辑的对象。在 AutoCAD 中，选择对象的方法很多。例如，可以通过单击对象逐个拾取，也可利用矩形窗口或交叉窗口选择；可以选择最近创建的对象、前面的选择集或图形中的所有对象，也可以向选择集中添加对象或从中删除对象。AutoCAD 用虚线亮显所选的对象，如图 2-101 所示。

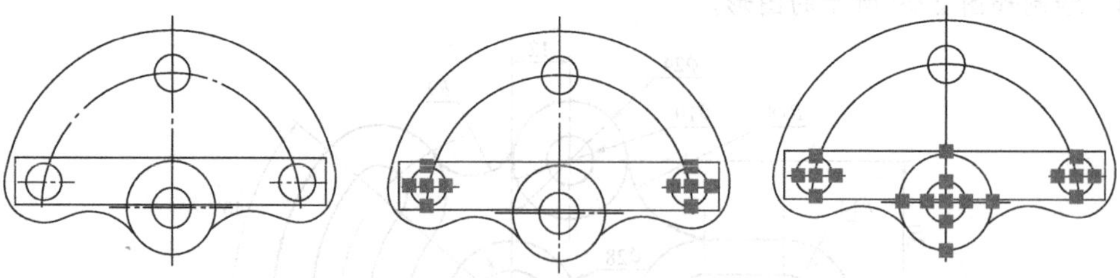

图 2-101 对象选择

（1）快速选择

① 概念：用户可以使用对象特性或对象类型来将对象包含在选择集中或排除对象。使用“特性”选项板中的“快速选择”(QSELECT) 对话框（图 2-102），可以根据特性（如颜色）和对象类型过滤选择集。例如，只选择图形中所有红色的圆而不选择任何其他对象，或者选择除红色圆以外的所有其他对象。

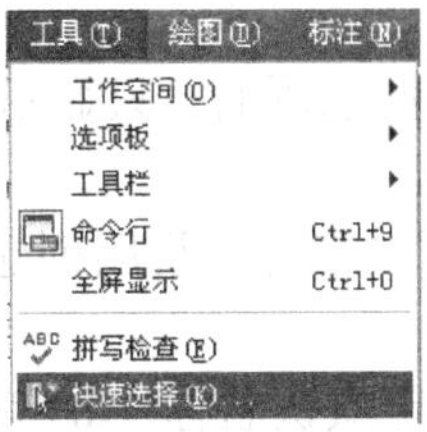

图 2-102　快速选择选项

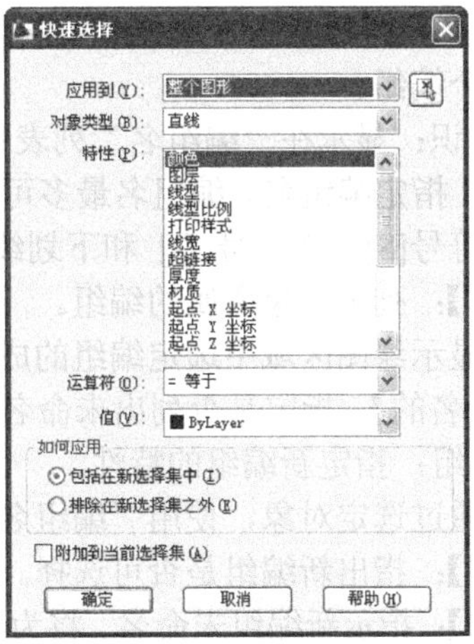

图 2-103　快速选择

② 操作：快速选择对象

菜单：工具(T) ➤ 快速选择(K)

快捷菜单：终止所有活动命令，在绘图区域中单击鼠标右键并选择“快速选择”。

命令条目：qselect

弹出快速选择对话框，如图 2-103 所示。

【应用到】：将过滤条件应用到整个图形或当前选择集（如果存在）。

【对象类型】：指定要包含在过滤条件中的对象类型。

【特性】：指定过滤器的对象特性，包括选定对象类型的所有可搜索特性。

【运算符】：控制过滤的范围。根据选定的特性，选项可包括“等于”、“不等于”、“大于”、“小于”和“*通配符匹配”。

【值】：指定过滤器的特性值。如果选定对象的已知值可用，则“值”成为一个列表，可以从中选择一个值。

【如何应用】：指定是将符合给定过滤条件的对象包括在新选择集内或是排除在新选择集之外。

【附加到当前选择集】：指定是由 QSELECT 命令创建的选择集替换还是附加到当前选择集。

（2）对象编组

① 概念：编组提供了以组为单位操作图形元素的简单方法。编组是保存的对象集，可以根据需要同时选择和编辑组中的对象，也可以分别进行。可以快速创建编组并使用默认名称，可以通过添加或删除对象来更改编组的部件。编组在某些方面类似于块，它是另一种将对象编组成命名集的方法，在编组中可以更容易地编辑单个对象，而在块中必须先分解才能编辑。

② 操作：创建编组

命令条目：group

弹出对象编组对话框，如图 2-104 所示。

图 2-104　对象编组

◆ 编组名：显示现有编组的名称。

◆ 可选：指定编组是否可选择。如果某个编组为可选择编组，则选择该编组中的一个对象将会选择整个编组。

◆ 编组标识：显示在“编组名”列表中选定的编组的名称及其说明。

【编组名】：指定编组名。编组名最多可以包含 31 个字符，可用字符包括字母、数字和特殊符号（美元符号[$]、连字号 [-] 和下划线 [_]），但不包括空格。

【查找名称】：列出对象所属的编组。

【亮显】：显示绘图区域中选定编组的成员。

【包括未命名的】：指定是否列出未命名编组。当不选择此选项时，只显示已命名的编组。

◆ 创建编组：指定新编组的特性。

【新建】：通过选定对象，使用“编组名”和“说明”下的名称和说明创建新编组。

【可选择的】：指出新编组是否可选择。

【未命名的】：指示新编组未命名。将为未命名的编组指定默认名称*An。其中 n 随着创建新编组的数目增加而递增。

◆ 修改编组：修改现有编组。

【删除】：从选定编组中删除对象。使用此选项，在编组中不能选择“可选”选项。即使删除了编组中的所有对象，编组定义依然存在。

【添加】：将对象添加至选定编组中。

【重命名】：将选定编组重命名为在“编组标识”下的“编组名”框中输入的名称。

【重排】：显示“编组排序”对话框，从中可以修改选定编组中对象的编号次序。

【说明】：选定编组的说明更新为“说明”中输入的名称。说明名称最多可以使用 64 个字符。

【分解】：删除选定编组的定义。编组中的对象仍保留在图形中。

【可选择的】：指定编组是否可选择。

（3）对象过滤器

① 概念：在 AutoCAD 2009 中，可以以对象的类型(如直线、圆及圆弧等)、图层、颜色、线型或线宽等特性作为条件，过滤选择符合设定条件的对象。过滤器中的条件需要设定也可以通过拾取相同属性的对象来确定。

② 操作：过滤器选择

命令条目：filter（或 'filter，用于透明使用）

弹出“对象选择过滤器”对话框，如图 2-105 所示。

◆ 过滤器特性列表：显示组成当前过滤器的过滤器特性列表。

◆ 选择过滤器：为当前过滤器添加过滤器特性，可以通过构造条件来选择，也可以通过选择某一特定对象，按照选定对象的特性进行选择。

◆ 编辑项目：将选定的过滤器特性移动到“选择过滤器”区域进行编辑。

◆ 命名过滤器：显示、保存和删除过滤器。

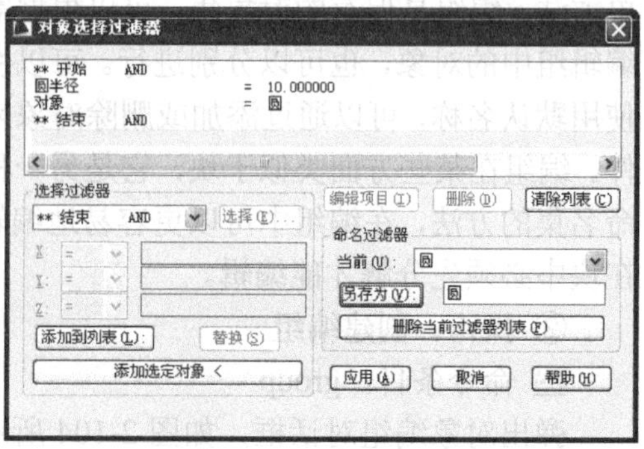

图 2-105　对象选择过滤器

2. AutoCAD 2009 绘图命令

（1）矩形

① 概念：在 AutoCAD 中，可以使用“矩形”命令绘制矩形。矩形是一种封闭的多段线对象。和绘制多段线类似，用户在绘制矩形时可以指定其宽度，此外还可以在矩形的边与边之间绘制圆角和倒角，如图 2-106 所示。

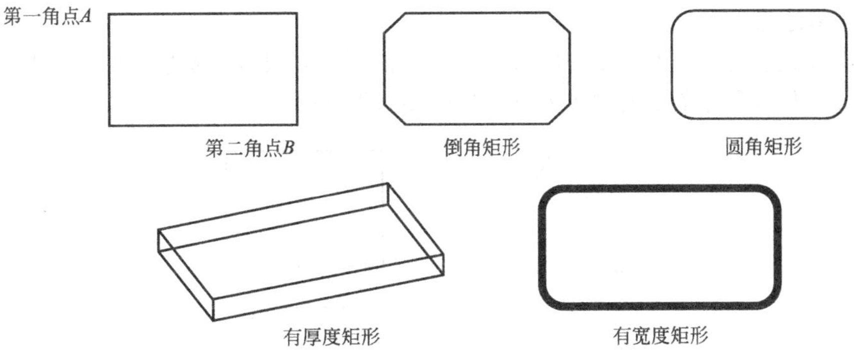

图 2-106　矩形

② 操作：创建矩形多段线

工具栏：绘图

菜单：绘图(D) ➤ 矩形(G)

命令条目：rectang 或 rectangle

命令选项功能如表 2-12 所示。

表 2-12　命令选项功能

创建对象	选　项	功　能
矩形	倒角	设置矩形的倒角距离，以后执行 RECTANG 命令时此值将成为当前倒角距离
	标高	指定矩形的标高
	圆角	指定矩形的圆角半径
	厚度	指定矩形的厚度
	宽度	为要绘制的矩形指定多段线的宽度
	面积	使用面积与长度或宽度创建矩形
	尺寸	使用长和宽创建矩形
	旋转	按指定的旋转角度创建矩形

③ 练习绘制如图 2-107 所示图形。

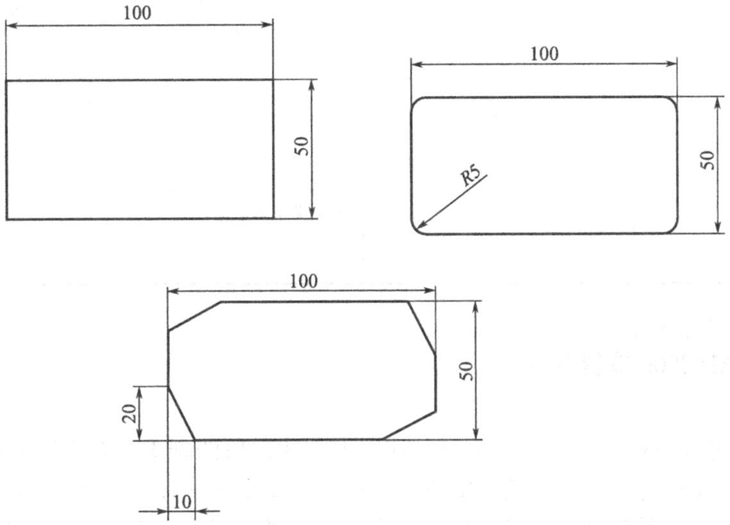

图 2-107　创建矩形练习

（2）正多边形

① 概念：正多边形是具有 3～1024 条等长边的闭合多段线。创建正多边形是绘制正方形、等边三角形、八边形等图形的简单方法，如图 2-108 所示。

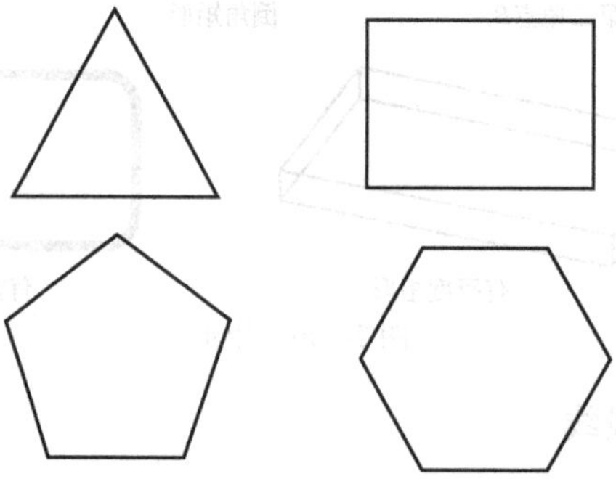

图 2-108　多边形

② 操作：创建闭合的等边多段线

工具栏：绘图

菜单：绘图(D) ➤ 正多边形(Y)

命令条目：polygon

命令选项功能如表 2-13 所示。

表 2-13　命令选项功能

命　令	选　项	功能	简图
正多边形	内接于圆	指定外接圆的半径，正多边形的所有顶点都在此圆周上。	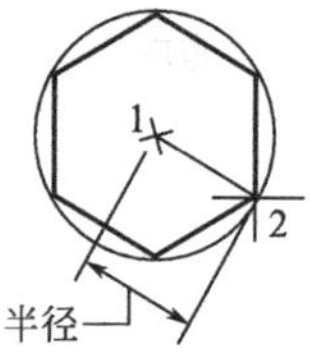
	外切于圆	指定从正多边形圆心到各边中点的距离。	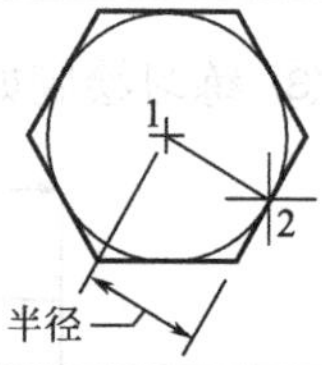
	边	通过指定第一条边的端点来定义正多边形。	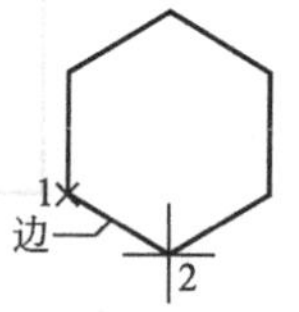

③ 练习绘制如图 2-109 所示的图形。

3. AutoCAD 2009 **编辑命令**

（1）阵列

① 概念：可以在矩形或环形（圆形）阵列中创建对象的副本。对于矩形阵列，可以控制行和列的数目以及它们之间的距离（图 2-110）。对于环形阵列，可以控制对象副本的数目并决定是否旋转副本（图 2-111）。对于创建多个定间距的对象，排列比复制要快。

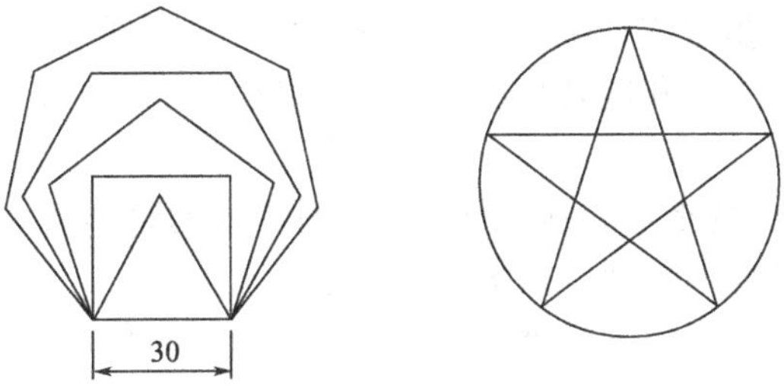

图 2-109　创建正多边形练习

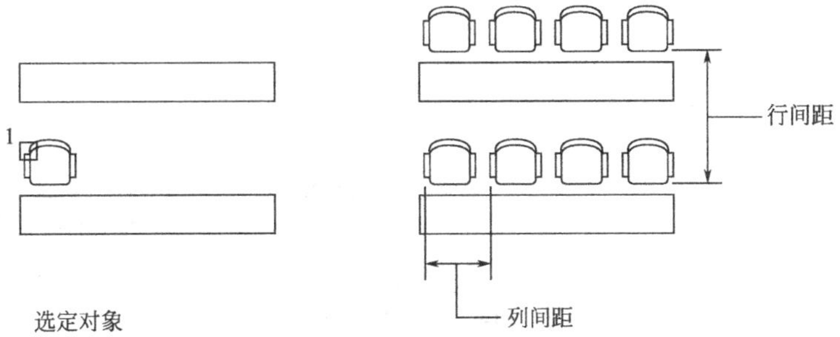

图 2-110　矩形阵列

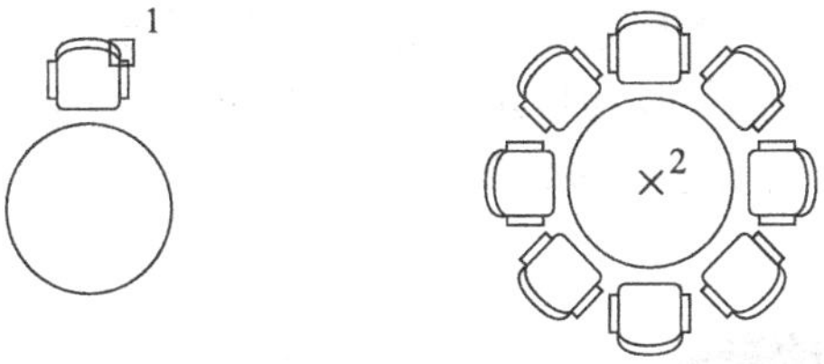

图 2-111　环形阵列

② 操作：创建阵列

工具栏：修改

菜单：修改(M) ➤ 阵列(A)

命令条目：array

◆ 矩形阵列：创建选定对象的副本的行和列阵列，如图 2-112 所示，需指定阵列中的行数和列数。

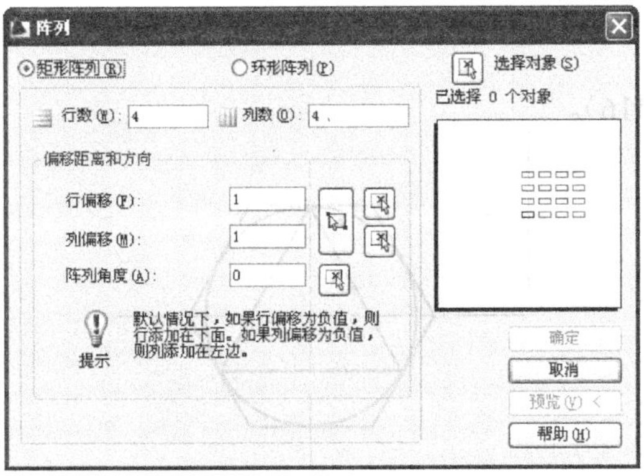

图 2-112　矩形阵列对话框

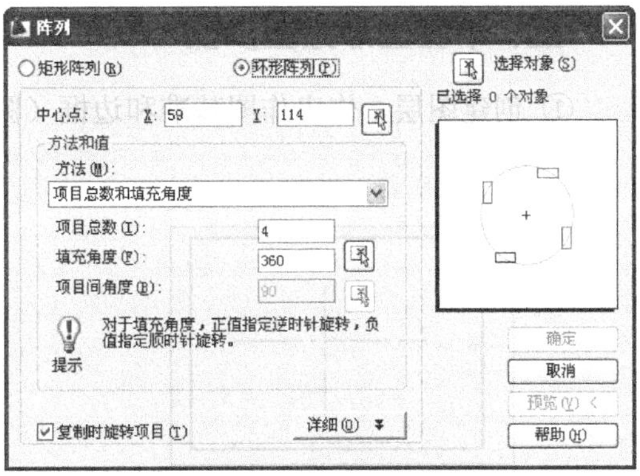

图 2-113　环形阵列

【偏移距离和方向】：指定阵列偏移的距离和方向。可以通过输入数值和鼠标拾取的方式来确定阵列偏移的距离、方向和旋转角度，当输入数值为负值时，对于行为向下添加行，对于列为向左边添加列。

◆ 环形阵列：通过围绕指定的圆心复制选定对象来创建阵列。

在阵列对话框中选择环形阵列，如图 2-113 所示。

【方法和值】：指定用于定位环形阵列中的对象的方法和值。通过输入项目总数、填充角度、项目间角度 来确定阵列对象的操作。

【复制时旋转项目】：确定复制对象时是否旋转对象，如图 2-114 所示。

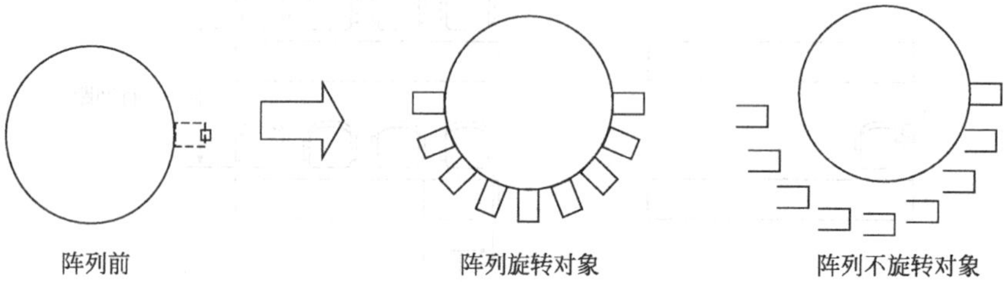

图 2-114　复制时旋转对象

（2）分解

① 概念：分解对象是把单个的对象转换成它们下一个层次的组成对象，一个被分解的对象看起来与原有对象没有任何不同，但其颜色、线型和线宽可能改变，如图 2-115 所示。可分解多段线、分解引线、多行文字、多线等对象。

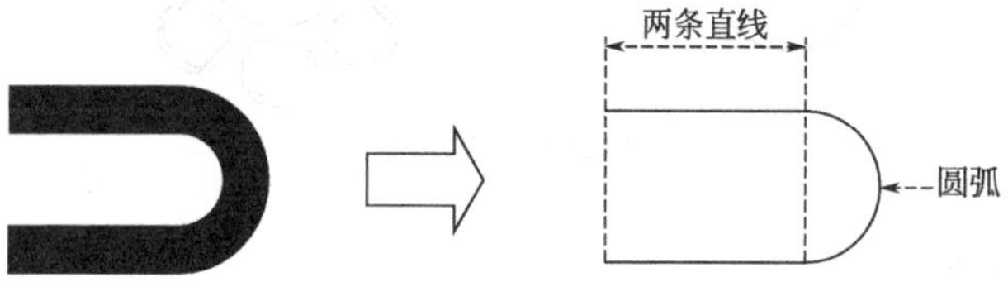

图 2-115　分解对象

② 操作：将合成对象分解为其部件对象

工具栏：修改

菜单：修改(M) ➤ 分解(X)

命令条目：explode

三、平面图形绘图步骤

① 创建图层，作出作图基准和边框（图 2-116）。

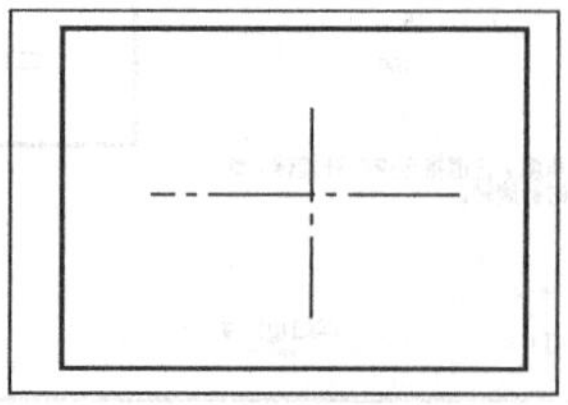

图 2-116　绘制作图基准和边框

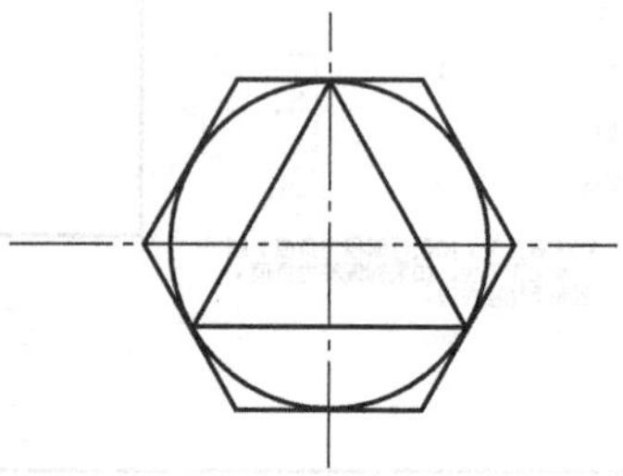

图 2-117　绘制圆的内接三角形和外切六角形

纸边：细实线，第一点为（0,0），第二点为（420,297）；
图框：粗实线，第一点为（25,5），第二点为（415,292）。
② 先画ϕ30 的圆，然后画ϕ30 圆的内接三角形和外切六角形（图 2-117）。
③ 以外切六角形的一个边画一个正五边形（图 2-118）。

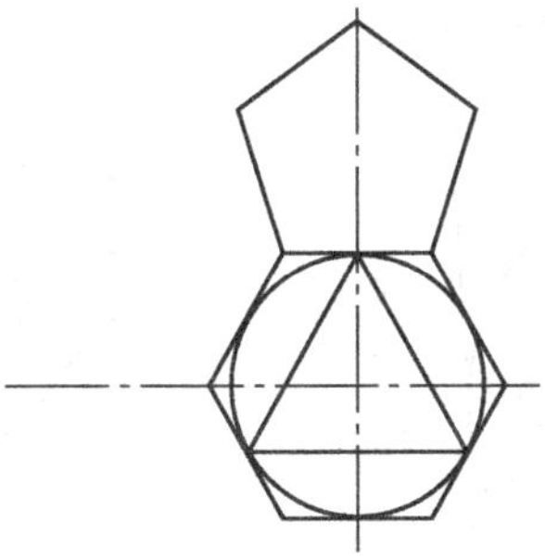
图 2-118　绘制正五边形

④ 使用环形阵列，创建出 6 个正五边形（图 2-119）。

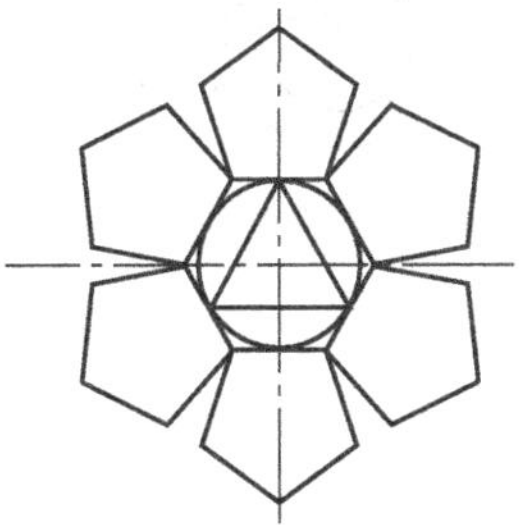
图 2-119　阵列正五边形

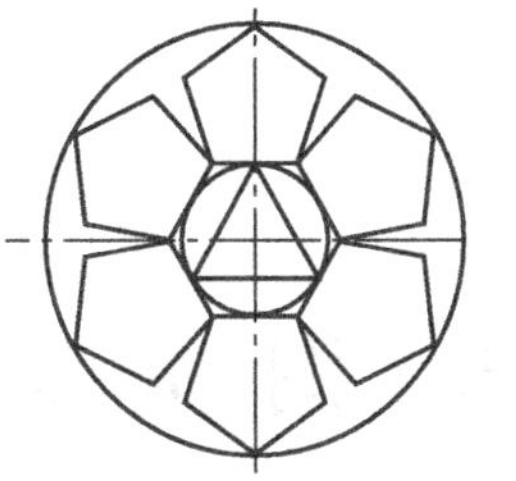
图 2-120　绘制外接圆

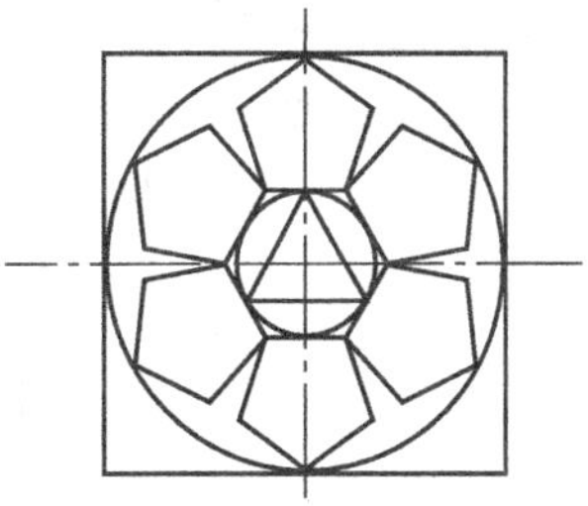
图 2-121　绘制外切正四边形

⑤ 通过三点法画一个大圆外接正五边形的顶点（图 2-120）。
⑥ 画正四边形外接大圆，正多边形的方向可用捕捉圆的象限点来控制（图 2-121）。

习　　题

1. 绘制如图 2-122 所示的图形。

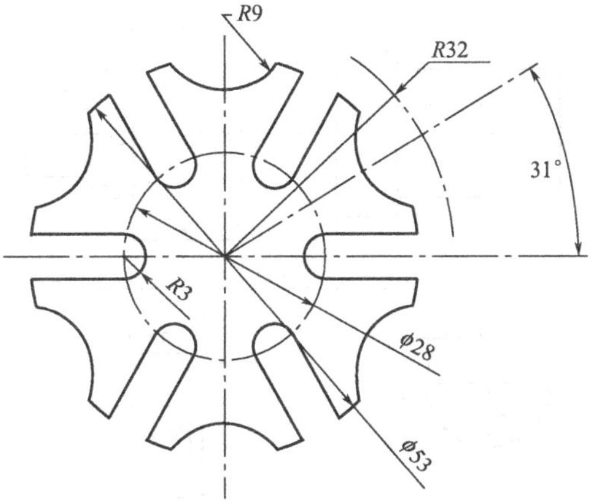

图 2-122　习题 1 图

2. 绘制如图 2-123 所示的图形。

3. 绘制如图 2-124 所示的图形。

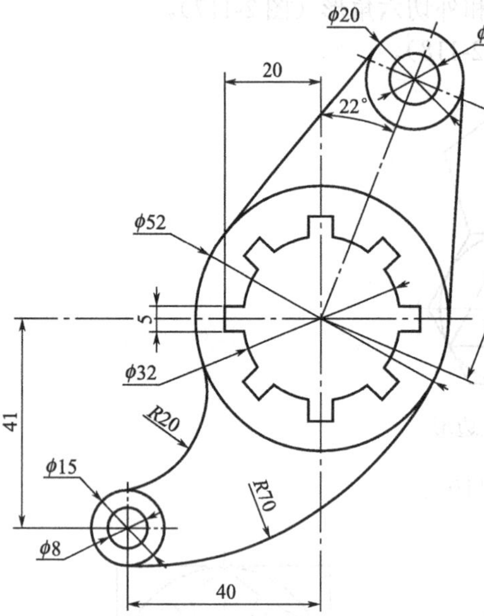

图 2-123　习题 2 图

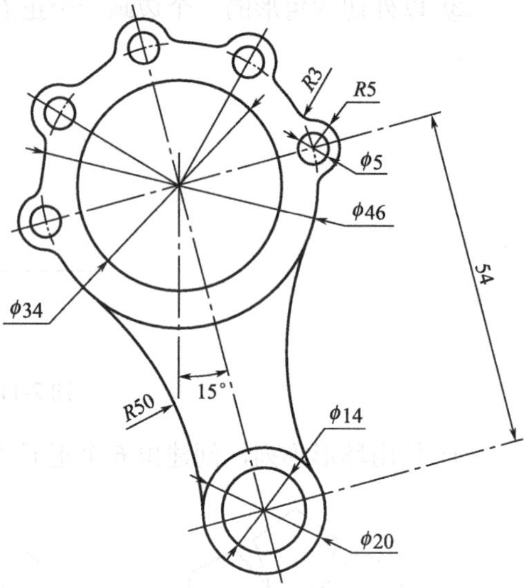

图 2-124　习题 3 图

任务五　图 案 填 充

一、任务与要求

在 AutoCAD 中有些图案如机械制图中的剖面线和建筑制图的砖、玻璃等可以通过图案填充的方式绘制，通过本任务的学习，应掌握图案填充、样条曲线的创建和比例缩放、打断等编辑操作，完成图 2-125 中的图形。

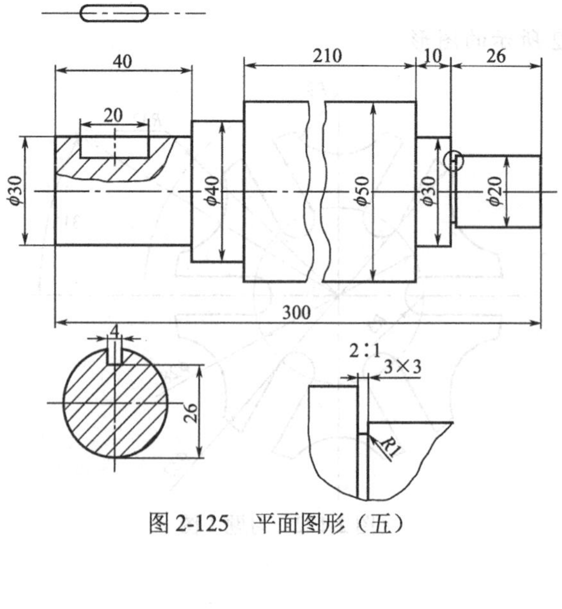

图 2-125　平面图形（五）

二、相关知识点

1. 图案填充和渐变色填充

① 概念：要重复绘制某些图案以填充图形中的一个区域，从而表达该区域的特征，这种填充操作称为图案填充。图案填充的应用非常广泛，例如，在机械工程图中，可以用图案填充表达一个剖切的区域，也可以使用不同的图案填充来表达不同的零部件或者材料。也可以创建渐变填充。渐变填充在一种颜色的不同灰度之间或两种颜色之间使用过渡。

② 操作

工具栏：绘图

菜单：绘图(D) ➤ 图案填充(H)

命令条目：hatch

选择图案填充选项对话框，如图 2-126 所示。

图 2-126　图案填充对话框

◆ 类型和图案：指定图案填充的类型和图案。

◆ 角度和比例：指定选定填充图案的角度和比例。

◆ 图案填充原点：控制填充图案生成的起始位置。默认情况下，所有图案填充原点都对应于当前的 UCS 原点。

◆ 边界：通过拾取封闭区域内的点或指定封闭对象来定义图案填充和渐变填充对象的边界。

◆ 选项：控制几个常用的图案填充或填充选项。

【注释性】：指定图案填充为注释性。

【关联】：控制图案填充或填充的关联。关联的图案填充或填充在用户修改其边界时将会更新。

【创建独立的图案填充】：控制当指定了几个单独的闭合边界时，是创建单个图案填充对象，还是创建多个图案填充对象。

【绘图次序】：为图案填充或填充指定绘图次序。图案填充可以放在所有其他对象之后、所有其他对象之前、图案填充边界之后或图案填充边界之前。

◆ 孤岛：指定在最外层边界内填充对象的方法。

【普通】：从外部边界向内填充（图 2-127）。

图 2-127　普通方式填充

图 2-128　外部方式填充

图 2-129　忽略方式填充

【外部】：从外部边界向内填充（图 2-128）。

【忽略】：忽略所有内部的对象，填充图案时将通过这些对象（图 2-129）。

◆ 边界保留：指定是否将边界保留为对象。

◆ 边界集：定义当从指定点定义边界时要分析的对象集。

◆ 允许的间隙：设置将对象用作图案填充边界时可以忽略的最大间隙。默认值为 0，此值指定对象必须为封闭区域而没有间隙。按图形单位输入一个值（从 0 到 5000），以设置将对象用作图案填充边界时可以忽略的最大间隙。任何小于等于指定值的间隙都将被忽略，并将边界视为封闭。

◆ 继承选项：使用“继承特性”创建图案填充时，这些设置将控制图案填充原点的位置。

选择渐变色对话框，如图 2-130 所示，定义要应用的颜色、渐变图案、图案方向等渐变填充的外观，渐变图案包括线性扫掠状、球状和抛物面状图案等用于渐变填充的九种固定图案，方向用于指定渐变色的角度以及其是否对称。

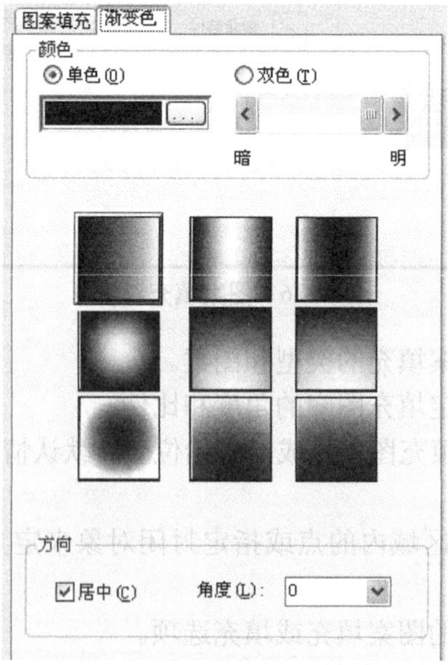

图 2-130　渐变色填充

2. AutoCAD 2009 绘图命令

（1）面域

① 概念：面域是具有物理特性（例如质心）的二维封闭区域。面域可用于应用填充和着色、使用 MASSPROP 分析特性（例如面积）、提取设计信息、创建三维实体的二维截面等。

② 操作：将包含封闭区域的对象转换为面域对象

工具栏：绘图

菜单：绘图(D) ➤ 面域(N)

命令条目：region

（2）云线

① 概念：修订云线是由连续圆弧组成的多段线。在检查或用红线圈阅图形时，可以使用修订云线功能亮显标记以提高工作效率，如图 2-131 所示。用于在检查阶段提醒用户注意图形的某个部分。可以从头开始创建修订云线，也可以将对象（例如圆、椭圆、多段线或样条曲线）转换为修订云线。

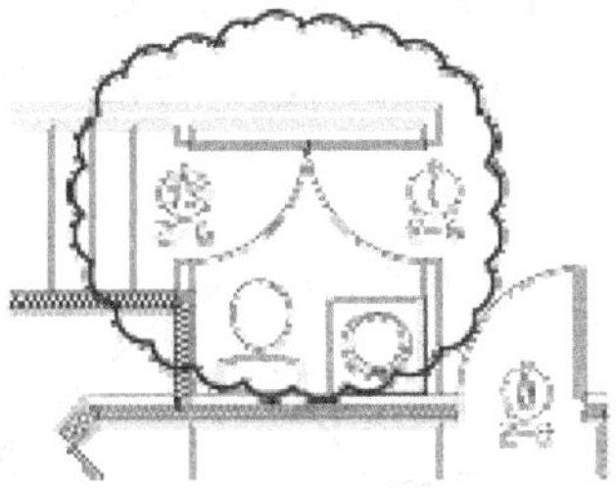

图 2-131　云线

② 操作：使用多段线创建修订云线

工具栏：绘图

菜单：绘图(D) ➤ 修订云线(V)

命令条目：revcloud

命令选项功能如表 2-14 所示。

表 2-14　命令选项功能

命令	选项	功　能
修订云线	弧长	指定云线中弧线的长度，最大弧长不能大于最小弧长的三倍
	对象	指定要转换为云线的对象
	样式	指定修订云线的样式

（3）样条曲线

① 概念：样条曲线是一种通过或接近指定点的拟合曲线，在 AutoCAD 中，其类型是非均匀有理 B 样条(Non-Uniform Rational Basis Splines, NURBS)曲线，适于表达具有不规则变化曲率半径的曲线。例如，机械图形的断切面及地形外貌轮廓线等，如图 2-132 所示。

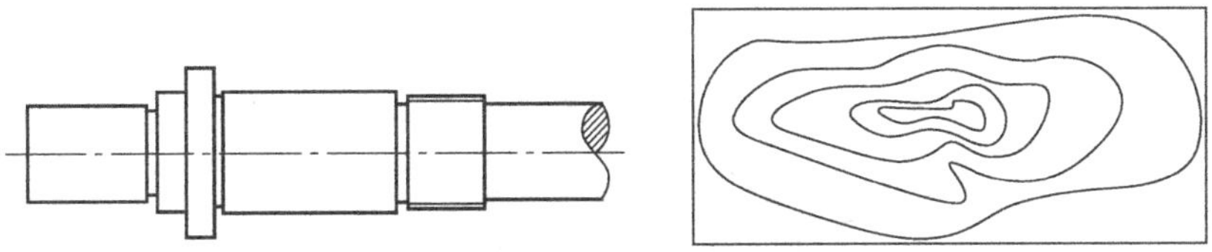

图 2-132　样条曲线的应用

② 操作：创建通过或接近选定点的平滑曲线

工具栏：绘图

菜单：绘图(D) ▶ 样条曲线(S)

命令条目：spline

可以连续的输入定点，也可以将多段线编辑得到的二次或者三次拟合样条曲线转换成等价的样条曲线。默认情况下，可以指定样条曲线的起点，然后在指定样条曲线上的另一个点后，系统提示指定下一控制点。控制点选择结束后需要定义样条曲线的第一点和最后一点的切向。

（4）徒手绘图

在 AutoCAD 2009 中，可以使用 SKETCH(徒手画)命令徒手绘制图形、轮廓线及签名等，见图 2-133。徒手画由许多条线段组成。每条线段都可以是独立的对象或多段线。可以设置线段的最小长度或增量。使用较小的线段可以提高精度，但会明显增加图形文件的大小。SKETCH 命令没有对应的菜单或工具按钮，因此要使用该命令，必须在命令行中输入 SKETCH，定点设备就像画笔一样，单击定点设备将把“画笔”放到屏幕上，这时可以进行绘图，再次单击将提起画笔并停止绘图。

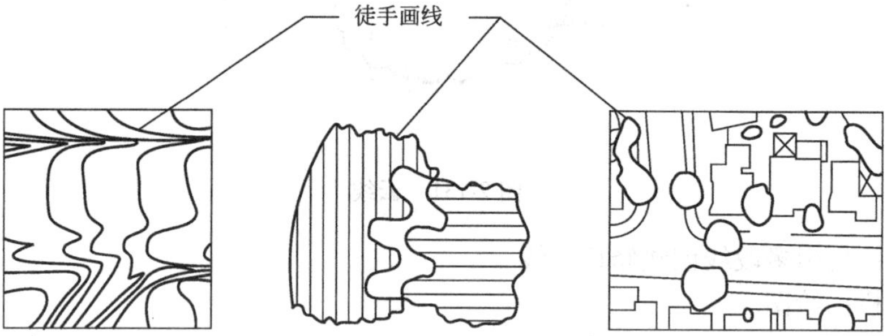

图 2-133　徒手绘图

3. AutoCAD 2009 **编辑命令**

（1）打断对象

① 概念：在 AutoCAD 2009 中，使用“打断”命令可部分删除对象或把对象分解成两部分，还可以使用“打断于点”命令将对象在一点处断开成两个对象，如图 2-134 所示。

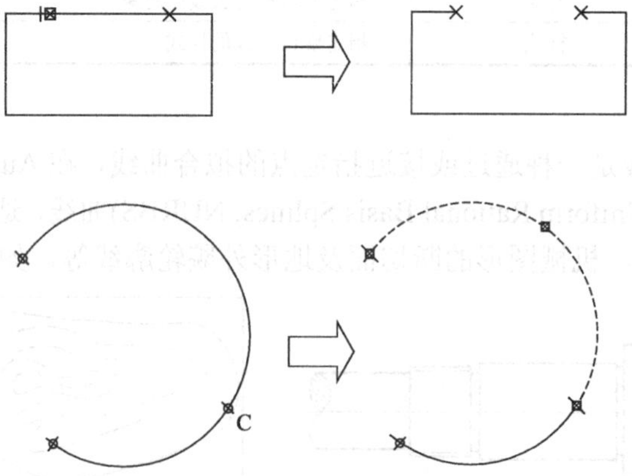

图 2-134　打断与打断于点

② 操作：在两点之间打断选定对象

工具栏：修改

菜单：修改(M) ➤ 打断(K)

命令条目：break

两个指定点之间的对象部分将被删除。如果第二个点不在对象上，将选择对象上与该点最接近的点；因此，要打断直线、圆弧或多段线的一端，可以在要删除的一端附近指定第二个打断点。要将对象一分为二并且不删除某个部分，输入的第一个点和第二个点应相同。通过输入@指定第二个点即可实现此过程。程序将按逆时针方向删除圆上第一个打断点到第二个打断点之间的部分，从而将圆转换成圆弧，如图 2-135 所示。

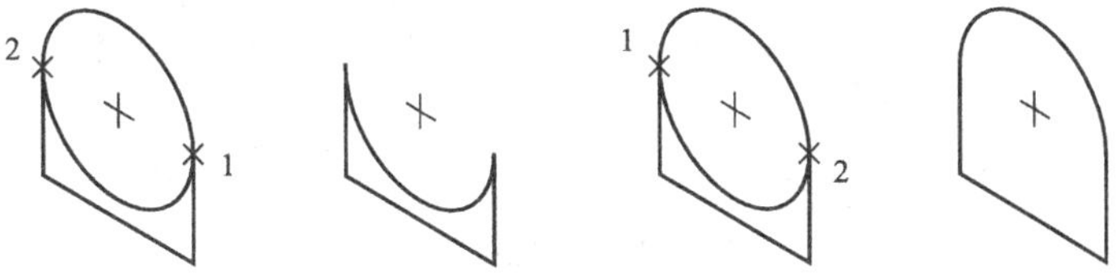

图 2-135　圆弧打断

还可以使用“打断于点”工具在单个点处打断选定的对象。通过该工具，可以将对象（例如长的直线、开放的多段线或圆弧）打断为两个相邻的对象。

（2）合并

① 概念：使用 JOIN 将相似的对象合并为一个对象。要将相似的对象与之合并的对象称为源对象，要合并的对象必须位于相同的平面上，用户可以合并的对象有圆弧、椭圆弧、直线、多段线、样条曲线，当合并两条或多条圆弧（或椭圆弧）时，将从源对象开始沿逆时针方向合并圆弧（或椭圆弧）。直线对象必须共线（位于同一无限长的直线上），它们之间可以有间隙。多段线对象之间合并时不能有间隙，并且必须位于与 UCS 的 *XY* 平面平行的同一平面上。圆弧对象必须位于同一假想的圆上，它们之间可以有间隙。椭圆弧必须位于同一椭圆上，但是它们之间可以有间隙。样条曲线和螺旋对象必须相接（端点对端点），结果对象是单个样条曲线。

② 操作：将相似的对象合并以形成一个完整的对象

工具栏：修改

菜单：修改(M) ➤ 合并(J)

命令条目：join

（3）缩放

① 概念：使用 SCALE 命令，可以将对象按统一比例放大或缩小，并且缩放后对象的比例保持不变，如图 2-136 所示。比例因子大于 1 时将放大对象。比例因子介于 0 和 1 之间时将缩小对象。

图 2-136　缩放对象

② 操作：缩放对象

工具栏：修改

菜单：修改(M) ➤ 缩放(L)

快捷菜单：选择要缩放的对象，然后在绘图区域中单击鼠标右键，单击“缩放”。

命令条目：scale

③ 知识拓展。使用参照距离缩放对象：使用参照进行缩放将现有距离作为新尺寸的基础。要使用参照进行缩放，需指定当前距离和新的所需尺寸。如图 2-137 所示，当输入当前长度值时选择点 1、2 的距离，输入新的尺寸时选择参照长度点 1、3，出现图示的缩放效果。

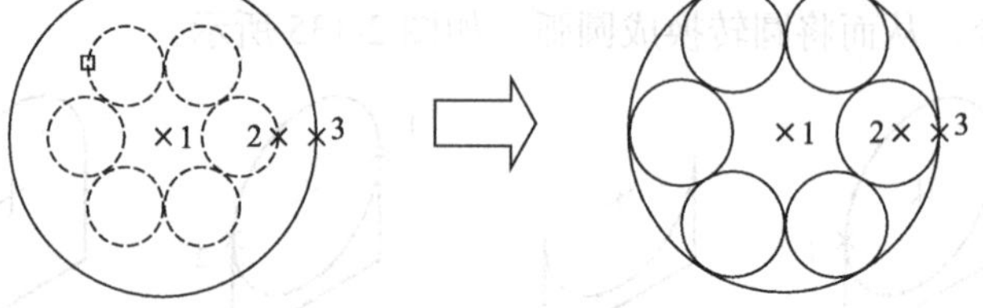

图 2-137　参照缩放对象

三、平面图形绘图步骤

① 创建图层，构建绘图基准，绘制图形（图 2-138）。

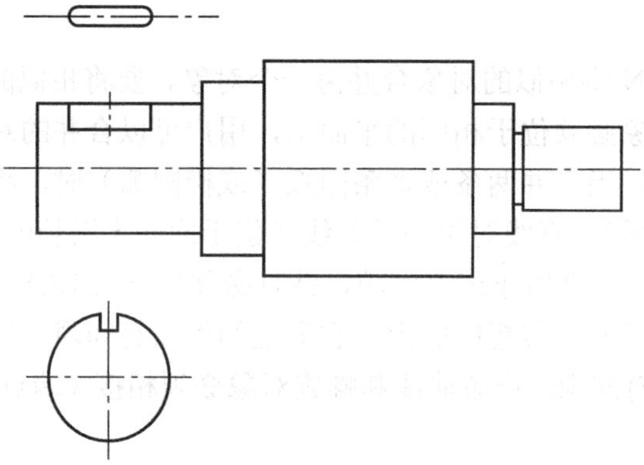

图 2-138　构建绘图基准，绘制基本图形

② 使用打断命令将最大外圆柱轮廓打断，使用样条曲线绘制断裂线和键槽的剖视分界线（图 2-139）。

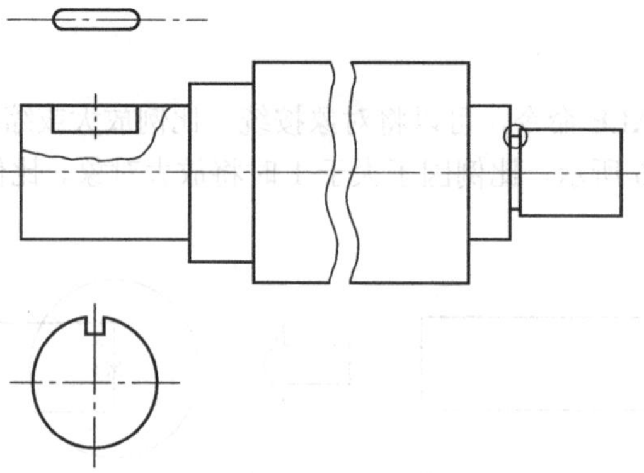

图 2-139　打断对象，绘制断裂线和剖视分界

③ 使用图案填充进行绘制剖面线（图 2-140）。

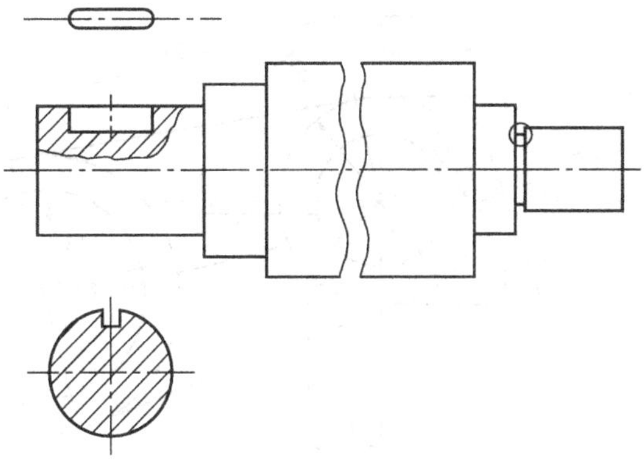

图 2-140　图案填充

④ 使用比例放大，绘制局部放大视图（图 2-141）。

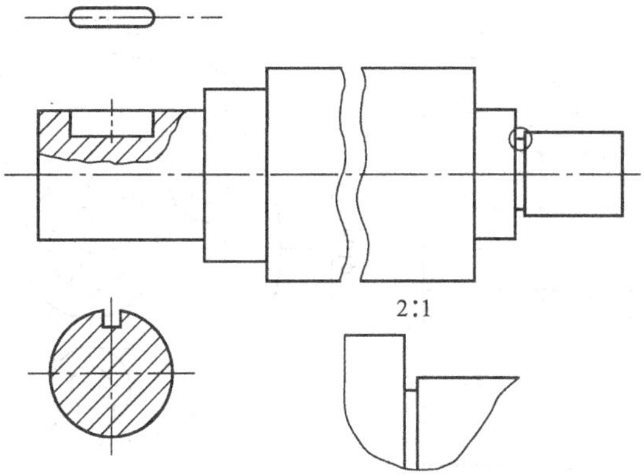

图 2-141　绘制局部放大视图

习　　题

1. 绘制如图 2-142 所示的图形。

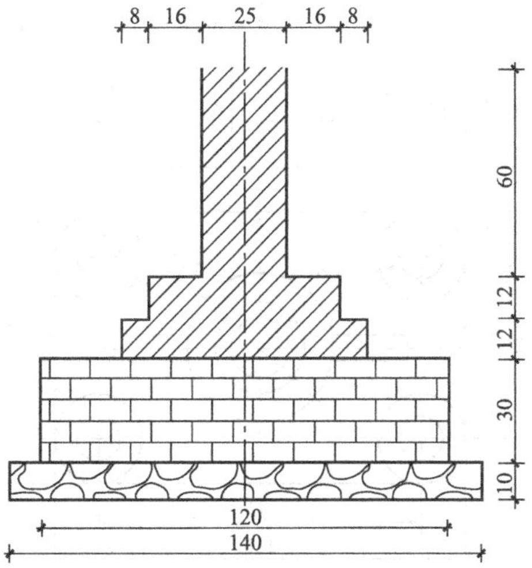

图 2-142　习题 1 图

2. 绘制如图 2-143 所示的图形。

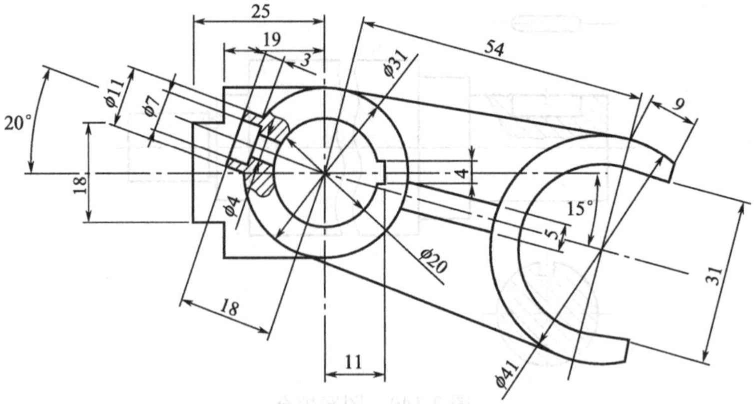

图 2-143　习题 2 图

3. 绘制如图 2-144 所示的图形。

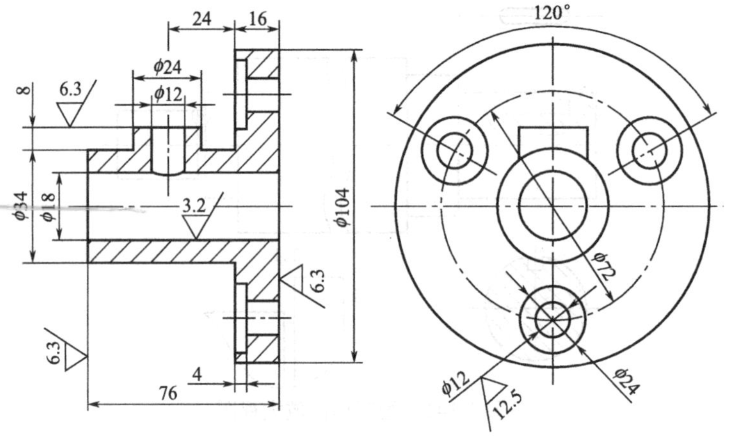

图 2-144　习题 3 图

4. 绘制如图 2-145 所示的图形。

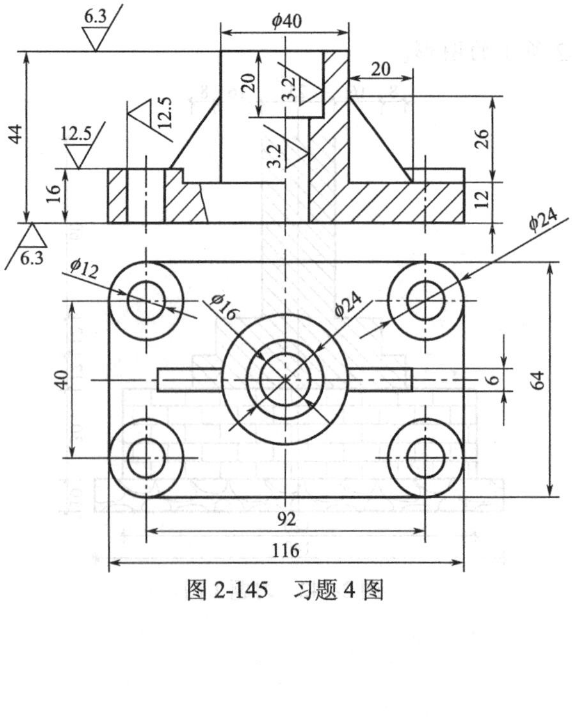

图 2-145　习题 4 图

任务六　文字和表格的绘制

一、任务与要求

文字和表格也是图形中常见的对象，应熟练掌握创建文字样式、设置表格样式，包括设置数据、列标题和标题样式；创建与编辑单行文字和多行文字方法；使用文字控制符和“文字格式”工具栏编辑文字；创建表格方法以及如何编辑表格和表格单元，完成图 2-146 中的图形。

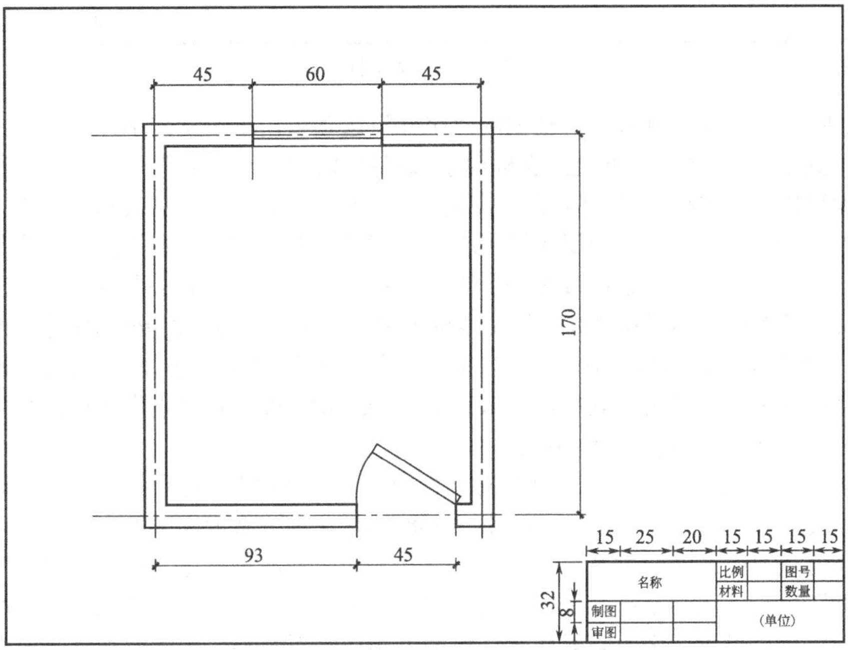

图 2-146　平面图形（六）

二、相关知识点

1. 文字

文字对象是 AutoCAD 图形中很重要的图形元素，是机械制图和工程制图中不可缺少的组成部分。在一个完整的图样中，通常都包含一些文字注释来标注图样中的一些非图形信息。例如，机械工程图形中的技术要求、装配说明，以及工程制图中的材料说明、施工要求等。

（1）文字样式

在 AutoCAD 中，所有文字都有与之相关联的文字样式。在创建文字注释和尺寸标注时，AutoCAD 通常使用当前的文字样式。也可以根据具体要求重新设置文字样式或创建新的样式。文字样式包括文字“字体”、“字型”、“高度”、“宽度系数”、“倾斜角”、“反向”、“倒置”以及“垂直”等参数。选择“格式”→“文字样式”命令，打开“文字样式”对话框（图 2-147）。利用该对话框可以修改或创建文字样式，并设置文字的当前样式。

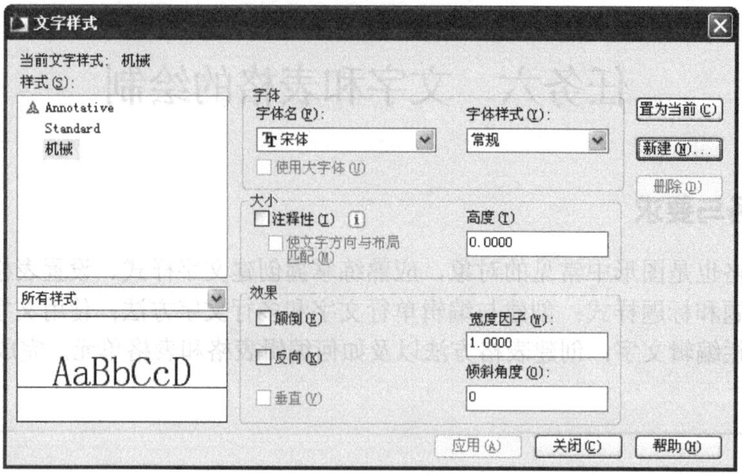

图 2-147 文字样式

◆ 设置字体："文字样式"对话框的"字体"选项组用于设置文字样式使用的字体和字高等属性。其中，"字体名"下拉列表框用于选择字体；"字体样式"下拉列表框用于选择字体格式，如斜体、粗体和常规字体等；"高度"文本框用于设置文字的高度。选中"使用大字体"复选框，"字体样式"下拉列表框变为"大字体"下拉列表框，用于选择大字体文件。如果将文字的高度设为 0，在使用 TEXT 命令标注文字时，命令行将显示"指定高度："提示，要求指定文字的高度。如果在"高度"文本框中输入了文字高度，AutoCAD 将按此高度标注文字，而不再提示指定高度。AutoCAD 提供了符合标注要求的字体形文件：gbenor.shx、gbeitc.shx 和 gbcbig.shx 文件。其中，gbenor.shx 和 gbeitc.shx 文件分别用于标注直体和斜体字母与数字；gbcbig.shx 则用于标注中文。

◆ 设置文字效果：在"文字样式"对话框中，使用"效果"选项组中的选项可以设置文字的颠倒、反向、垂直等显示效果，如图 2-148 所示。在"宽度因子"文本框中可以设置文字字符的高度和宽度之比，当"宽度比例"值为 1 时，将按系统定义的高宽比书写文字；当"宽度比例"小于 1 时，字符会变窄；当"宽度比例"大于 1 时，字符则变宽。在"倾斜角度"文本框中可以设置文字的倾斜角度，角度为 0° 时不倾斜；角度为正值时向右倾斜；为负值时向左倾斜。

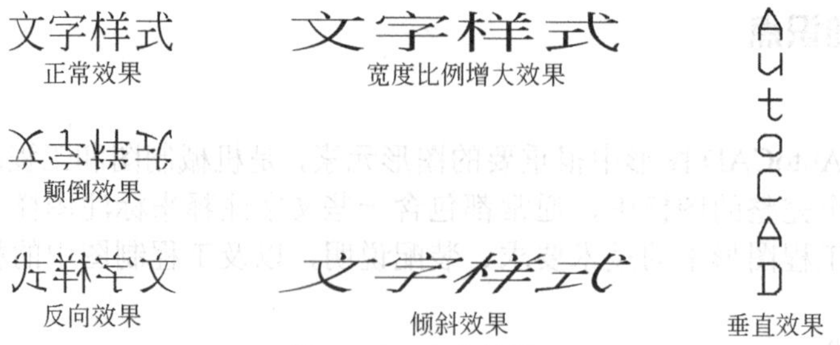

图 2-148 文字效果

（2）单行文字

在 AutoCAD 2009 中，"文字"工具栏可以创建和编辑文字。对于单行文字来说，每一行都是一个文字对象，选择"绘图"→"文字"→"单行文字"命令(DTEXT)，或在"文字"工具栏中单击"单行文字"按钮，可以创建单行文字对象。

◆ 指定文字的起点：默认情况下，通过指定单行文字行基线的起点位置创建文字。如果当前文字样式的高度设置为0，系统将显示“指定高度:”提示信息，要求指定文字高度，否则不显示该提示信息，而使用“文字样式”对话框中设置的文字高度。然后系统显示“指定文字的旋转角度<0>:”提示信息，要求指定文字的旋转角度。文字旋转角度是指文字行排列方向与水平线的夹角，默认角度为0°。输入文字旋转角度，或按Enter键使用默认角度0°，最后输入文字即可。也可以切换到Windows的中文输入方式下，输入中文文字。

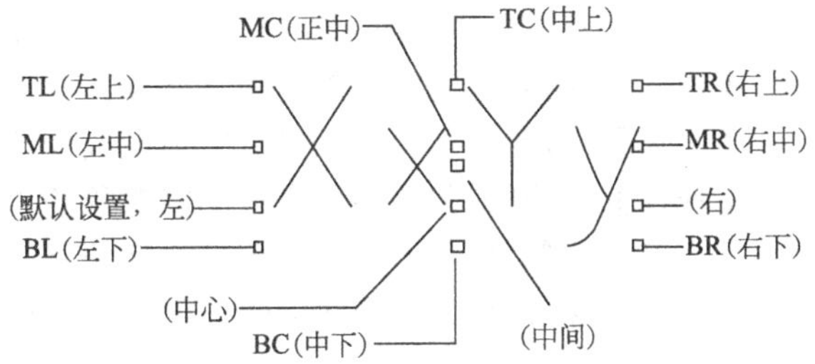

图2-149　文字对正方式

◆ 设置对正方式：在“指定文字的起点或 [对正(J)/样式(S)]:”提示信息后输入J，可以设置文字的排列方式，如图2-149所示。

◆ 设置当前文字样式：在“指定文字的起点或 [对正(J)/样式(S)]:”提示下输入S，可以设置当前使用的文字样式。选择该选项时，命令行显示如下提示信息。

输入样式名或 [?] <Mytext>：可以直接输入文字样式的名称，也可输入“?”，在“AutoCAD文本窗口”中显示当前图形已有的文字样式。

◆ 编辑单行文字：单行文字可进行单独编辑。编辑单行文字包括编辑文字的内容、对正方式及缩放比例，可以选择“修改”→“对象”→“文字”子菜单中的命令进行设置。

（3）多行文字

“多行文字”又称为段落文字，是一种更易于管理的文字对象，可以由两行以上的文字组成，而且各行文字都是作为一个整体处理。选择“绘图”→“文字”→“多行文字”命令(MTEXT)，或在“绘图”工具栏中单击“多行文字”按钮，然后在绘图窗口中指定一个用来放置多行文字的矩形区域，将打开“文字格式”工具栏和文字输入窗口（图2-150）。利用它们可以设置多行文字的样式、字体及大小等属性。

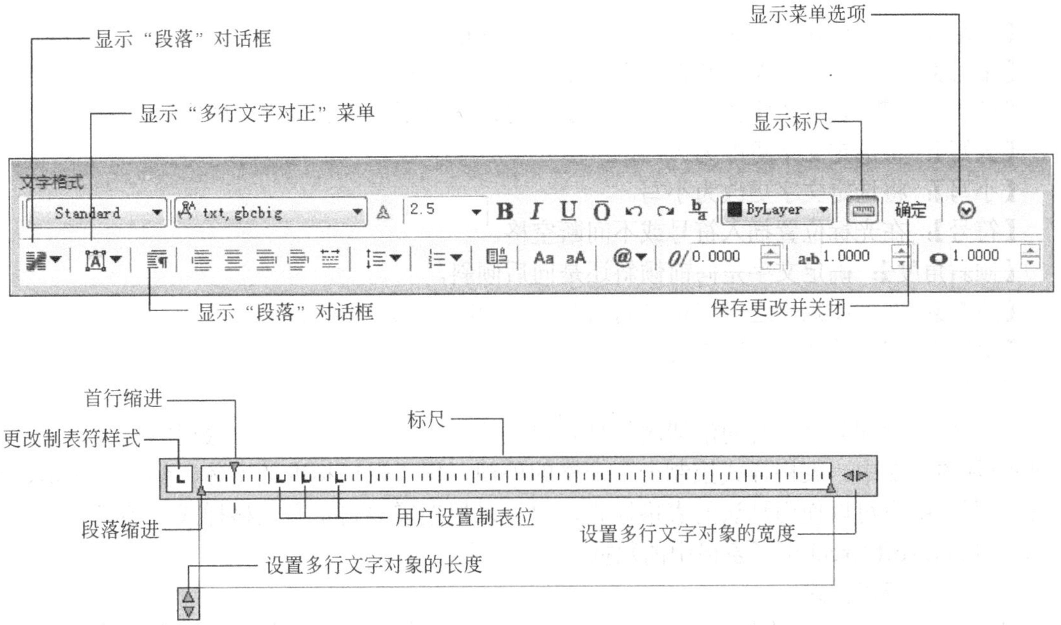

图2-150　文字格式工具栏

◆ “文字格式”工具栏：控制多行文字对象的文字样式和选定文字的字符格式和段落格式。

【样式】：向多行文字对象应用文字样式。

【字体】：为新输入的文字指定字体或改变选定文字的字体。

【释性】：打开或关闭当前多行文字对象的“注释性”。

【文字高度】：按图形单位设置新文字的字符高度或修改选定文字的高度。

【粗体】：打开和关闭新文字或选定文字的粗体格式。此选项仅适用于使用 TrueType 字体的字符。

【斜体】：打开和关闭新文字或选定文字的斜体格式。此选项仅适用于使用 TrueType 字体的字符。

【下划线】：打开和关闭新文字或选定文字的下划线。

【上划线】：为新建文字或选定文字打开和关闭上划线。

【放弃】：在在位文字编辑器中放弃操作，包括对文字内容或文字格式所做的修改。

【重做】：在在位文字编辑器中重做操作，包括对文字内容或文字格式所做的修改。

【堆叠】：如果选定文字中包含堆叠字符，则创建堆叠文字（例如分数）。如果选定堆叠文字，则取消堆叠。使用堆叠字符、插入符 (^)、正向斜杠 (/) 和磅符号 (#) 时，堆叠字符左侧的文字将堆叠在字符右侧的文字之上。

【文字颜色】：指定新文字的颜色或更改选定文字的颜色。

【标尺】：在编辑器顶部显示标尺。拖动标尺末尾的箭头可更改多行文字对象的宽度。

【确定】：关闭编辑器并保存所做的所有更改。

【选项】：显示其他文字选项列表。

【栏】：显示栏弹出型菜单，该菜单提供三个栏选项：“不分栏”、“静态栏”和“动态栏”。

【多行文字对正】：显示“多行文字对正”菜单，并且有九个对齐选项可用。“左上”为默认。

【段落】：显示“段落”对话框。

【左对齐、居中、右对齐、两端对齐和分散对齐】：设置当前段落或选定段落的左、中或右文字边界的对正和对齐方式。

【行距】：显示建议的行距选项或“段落”对话框。

【编号】：显示“项目符号和编号”菜单。

【插入字段】：显示“字段”对话框，从中可以选择要插入到文字中的字段。

【大写】：将选定文字更改为大写。

【小写】：将选定文字更改为小写。

【符号】：在光标位置插入符号或不间断空格。

【倾斜角度】：确定文字是向前倾斜还是向后倾斜。

【追踪】：增大或减小选定字符之间的空间。1.0 设置是常规间距。

【宽度因子】：扩展或收缩选定字符。

2. **表格**

表格使用行和列以一种简洁清晰的形式提供信息，在行和列中包含数据的对象，常用于一些组件的图形中。表格样式控制一个表格的外观，用于保证标准的字体、颜色、文本、高度和行距。用户可以使用默认的表格样式，也可以根据需要自定义表格样式，还可以将表格链接至 Microsoft Excel 电子表格中的数据。

（1）新建表格样式

选择“格式”→“表格样式”命令(TABLESTYLE)，打开“表格样式”对话框（图 2-151）。

单击“新建”按钮，可以使用打开的“创建新的表格样式”对话框创建新表格样式（图 2-152）。在“新样式名”文本框中输入新的表格样式名，在“基础样式”下拉列表中选择默认的表格样式、标准的或者任何已经创建的样式，新样式将在该样式的基础上进行修改。然后单击“继续”按钮，将打开“新建表格样式”对话框（图 2-153），可以通过它指定表格的行格式、表格方向、边框特性和文本样式等内容。

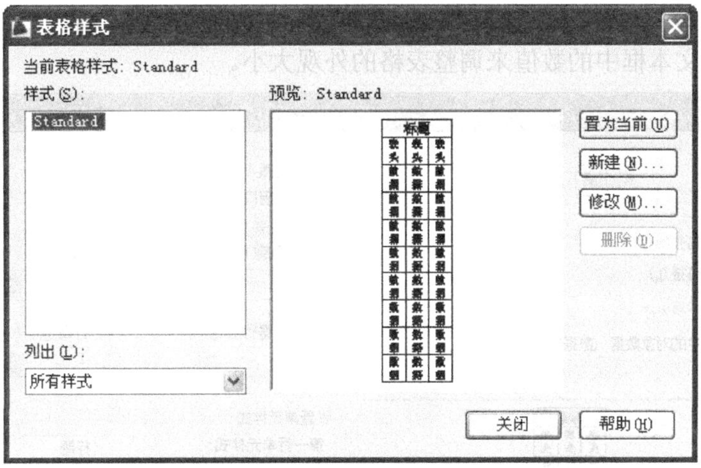

图 2-151　表格样式

图 2-152　创建新的表格样式

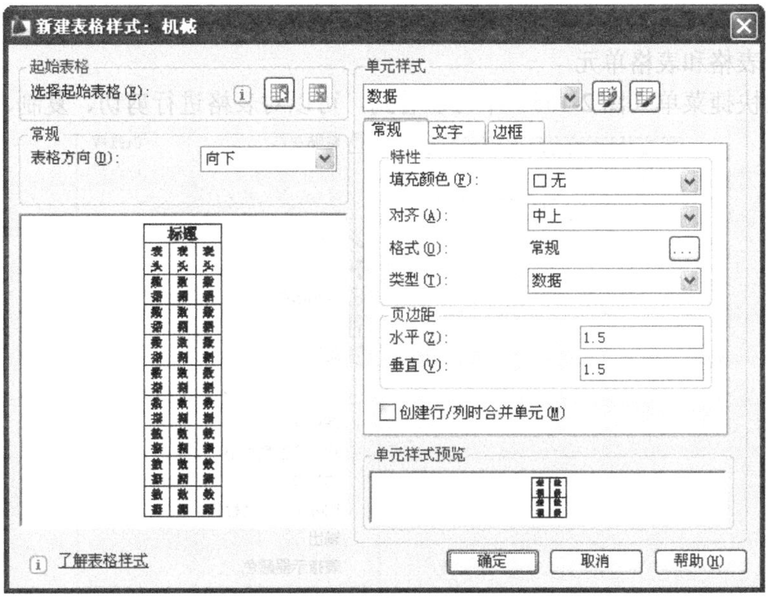

图 2-153　新建表格样式

（2）创建表格

选择“绘图”→“表格”命令，打开“插入表格”对话框（图 2-154）。在“表格样式”设置选项组中，可以从“表格样式名称”下拉列表框中选择表格样式，或单击其后的按钮，打开“表格样式”对话框，创建新的表格样式。

在“插入方式”选项组中，选择“指定插入点”单选按钮，可以在绘图窗口中的某点插入固定大小的表格；选择“指定窗口”单选按钮，可以在绘图窗口中通过拖动表格边框来创建任意大小的表格。在“列和行设置”选项组中，可以通过改变“列数”、“列宽”、“数据行数”和“行高”文本框中的数值来调整表格的外观大小。

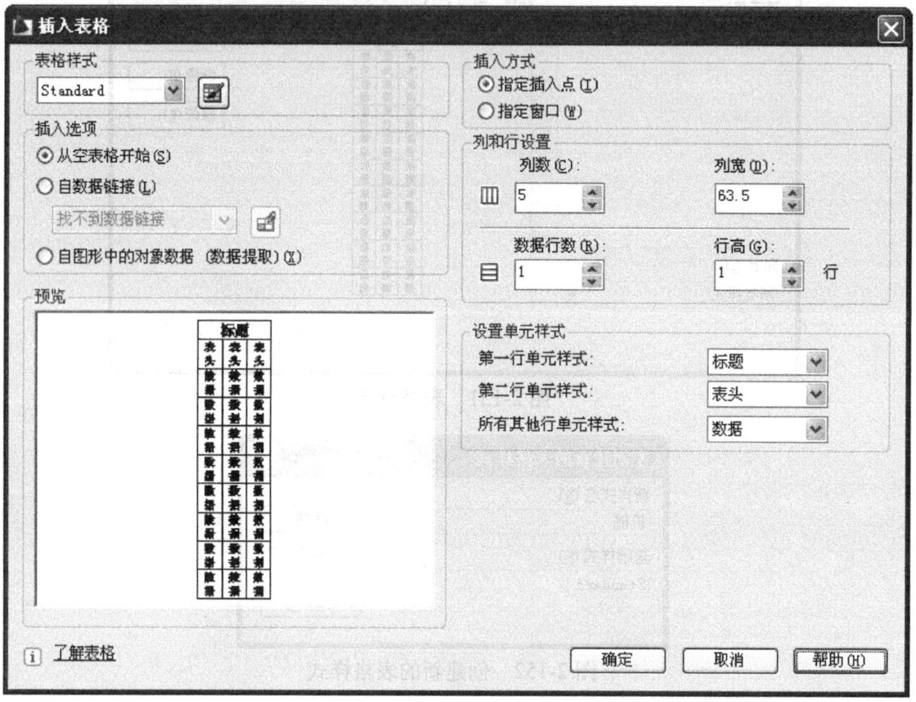

图 2-154　插入表格

（3）编辑表格和表格单元

从表格的快捷菜单（图 2-155）中可以看到，可以对表格进行剪切、复制、删除、移动、

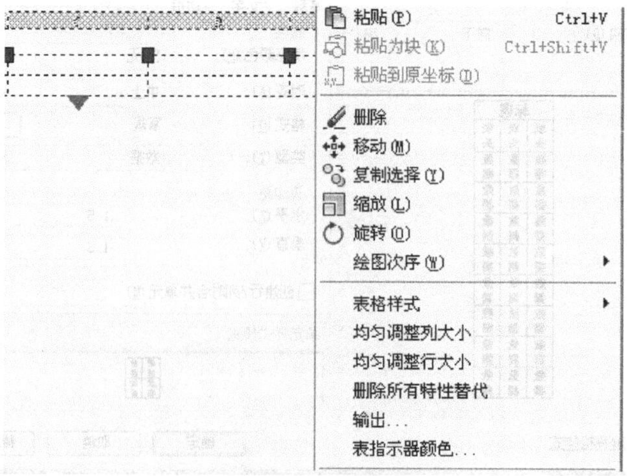

图 2-155　表格快捷菜单

缩放和旋转等简单操作，还可以均匀调整表格的行、列大小，删除所有特性替代。当选择“输出”命令时，还可以打开“输出数据”对话框，以.csv 格式输出表格中的数据。当选中表格后，在表格的四周、标题行上将显示许多夹点，也可以通过拖动这些夹点来编辑表格。

表格创建完成后，用户可以单击该表格上的任意网格线以选中该表格，然后通过使用“特性”选项板或夹点来修改该表格，如图 2-156 所示。

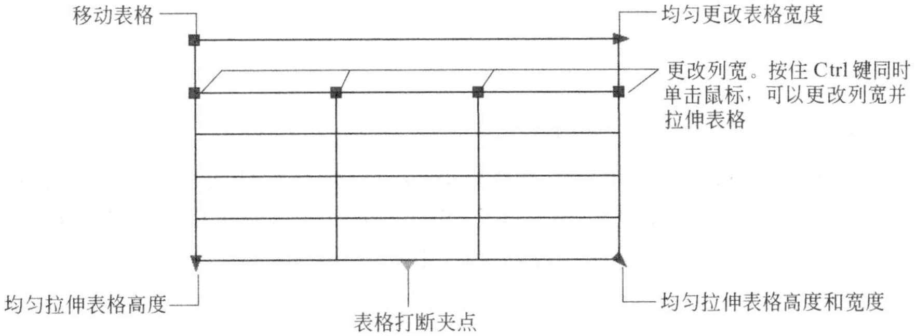

图 2-156　修改表格

更改表格的高度或宽度时，只有与所选夹点相邻的行或列将会更改，如图 2-157 所示。要根据正在编辑的行或列的大小按比例更改表格的大小，在使用列夹点时按 Ctrl 键。

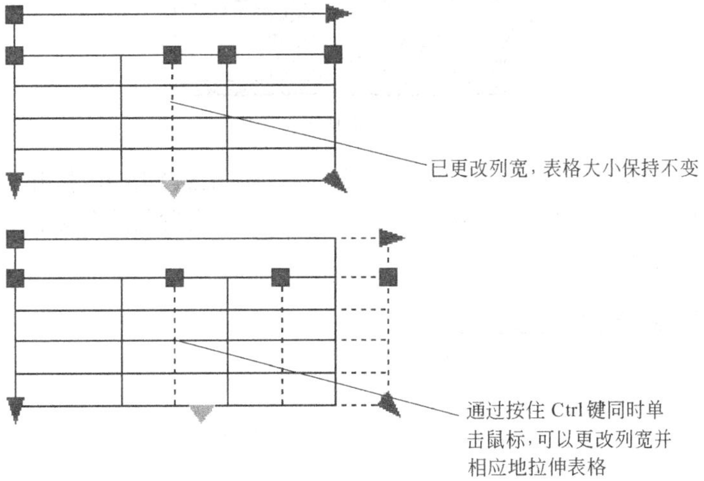

图 2-157　改变表格高度和宽度

在单元内单击以选中单元格，单元边框的中央将显示夹点。在另一个单元内单击可以将选中的内容移到该单元。拖动单元上的夹点可以使单元及其列或行更宽或更小，见图 2-158。

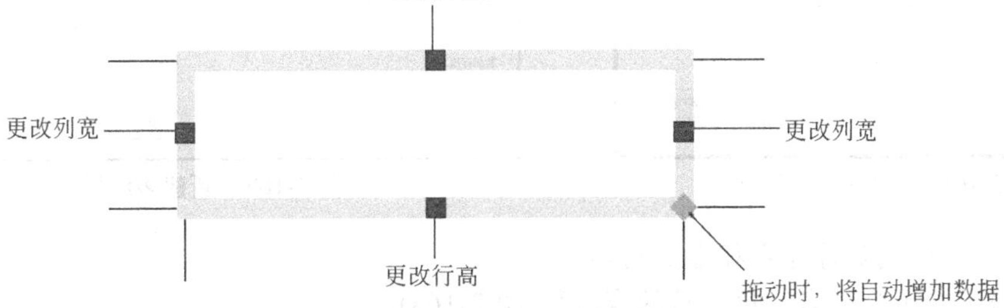

图 2-158　修改单元格

选中一个或多个单元格后单击鼠标右键弹出表格工具条（图 2-159），可以对选中单元格进行插入行、列、公式等操作。

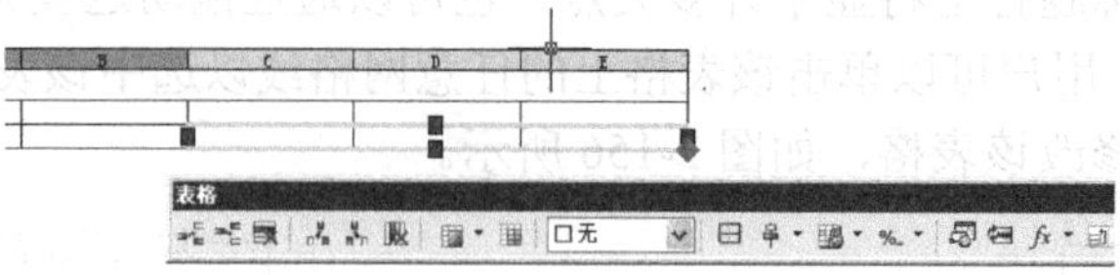

图 2-159　表格工具条

3. AutoCAD 2009 绘图命令：多线

① 概念：多线是由两条或两条以上直线构成的一组相互平行的直线，这些直线可以根据需要预先设置成不同的线型和颜色，平行线之间的间距和数目是可以调整的，多线常用于绘制建筑图中的墙体、电子线路图等平行线对象，如图 2-160 所示。

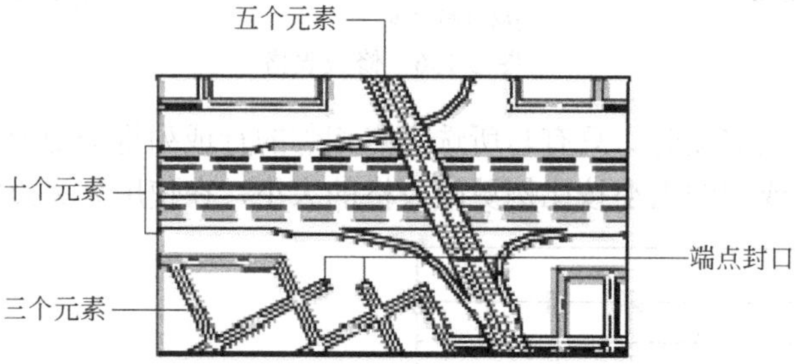

图 2-160

② 多线样式。选择“格式”→“多线样式”命令(MLSTYLE)，打开“多线样式”对话框（图 2-161），可以根据需要创建多线样式（图 2-162），设置其线条数目和线的拐角方式、多线样式的封口、填充、元素特性等内容。

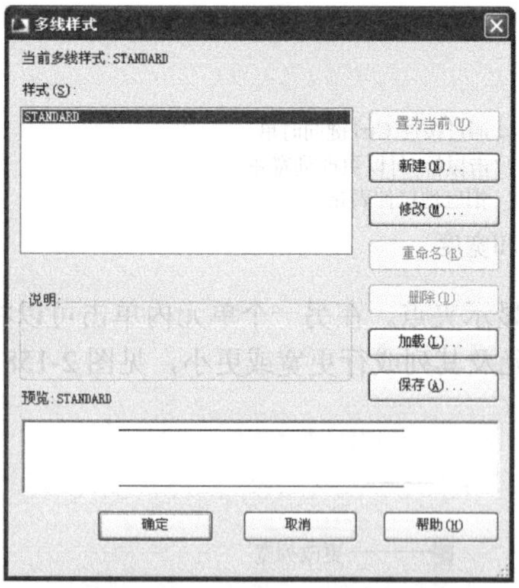

图 2-161　多线样式对话框

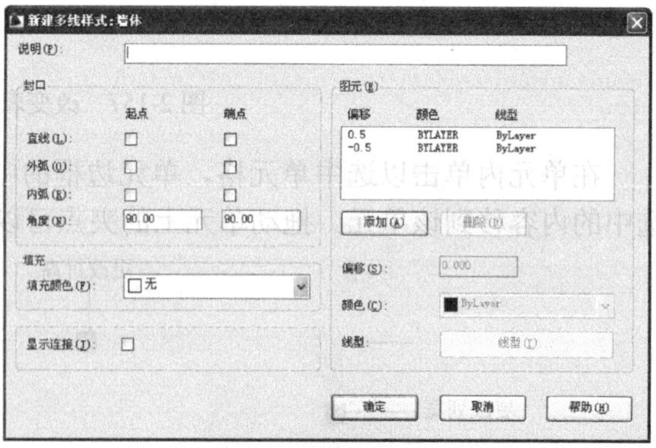

图 2-162　新建多线样式

◆ 封口：控制多行起点和端点封口

【直线】：显示穿过多行每一端的直线段(图 2-163)。

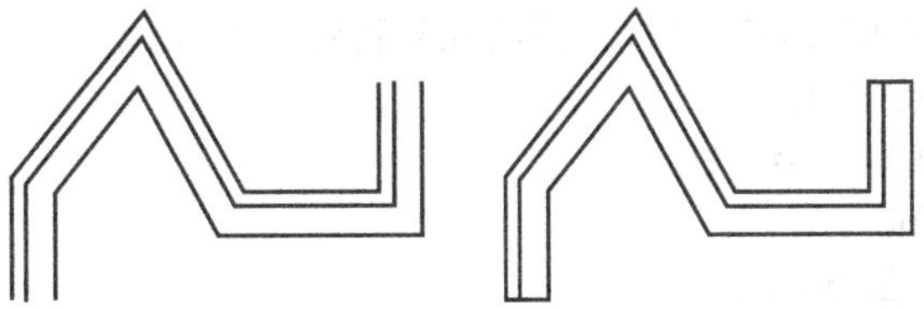

无直线　　有直线

图 2-163　直线封口

【外弧】：显示多行的最外端元素之间的圆弧（图 2-164）。

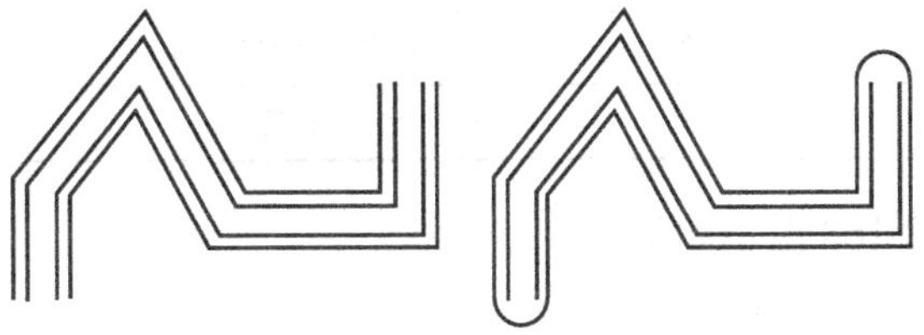

无“外弧”　　有“外弧”

图 2-164　外弧封口

【内弧】：显示成对的内部元素之间的圆弧。如果有奇数个元素，则不连接中心线（图 2-165）。

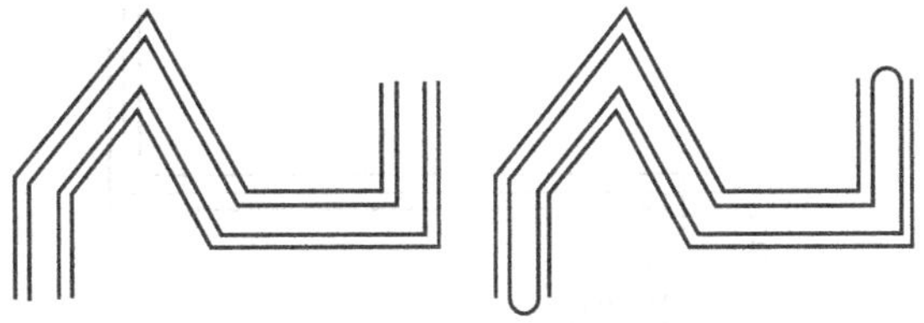

无“内弧”　　有“内弧”

图 2-165　内弧封口

【角度】：指定端点封口的角度（图 2-166）。

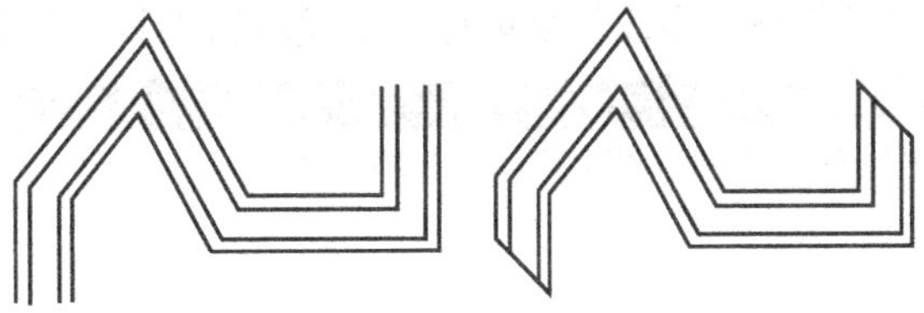

无“角度”　　有“角度”

图 2-166　角度直线封口

◆ 填充：控制多行的背景填充。

◆ 显示连接：控制每条多行线段顶点处连接的显示。接头也称为斜接（图 2-167）。

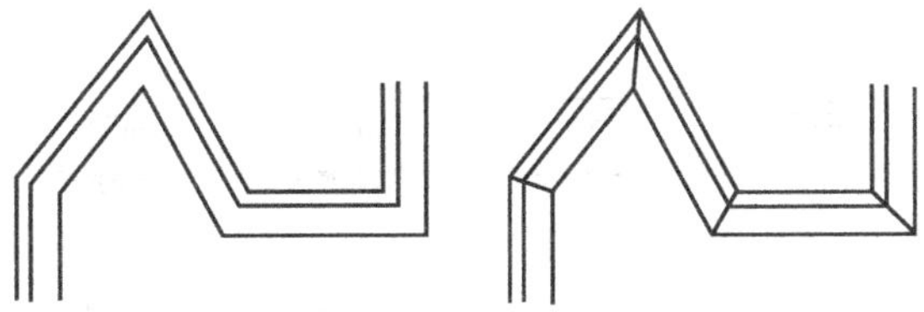

“显示连接”关闭　　打开“显示连接”

图 2-167　显示顶点处连接

◆ 图元：设置新的和现有的多行元素的元素特性，例如偏移、颜色和线型。

③ 操作：创建多条平行线

菜单：绘图(D) ➤ 多线(U)

命令条目：mline

命令选项功能如表 2-15 所示。

表 2-15　命令选项功能

命令	选项	功　能
多线(U)	起点	指定多行的下一个顶点
	对正	确定如何在指定的点之间绘制多行
	比例	控制多行的全局宽度。该比例不影响线型比例
	样式	指定多行的样式

④ 练习绘制如图 2-168 所示图形。

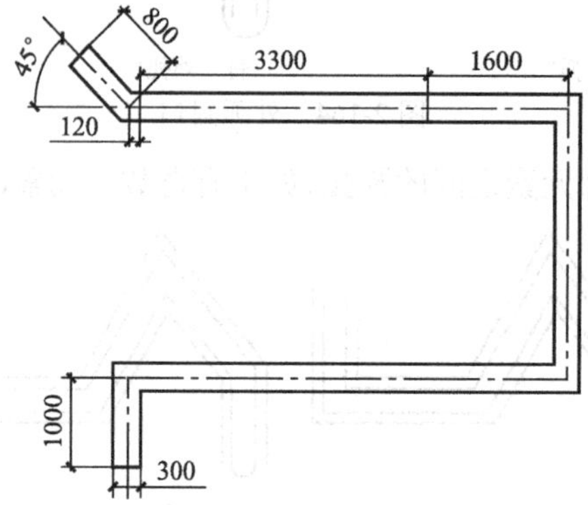

图 2-168　创建多线练习

4. AutoCAD 2009 **编辑命令**

（1）编辑多线（Mledit）

使用“修改”→“对象”→“多线”菜单打开多线编辑工具（图 2-169）通过添加或删除

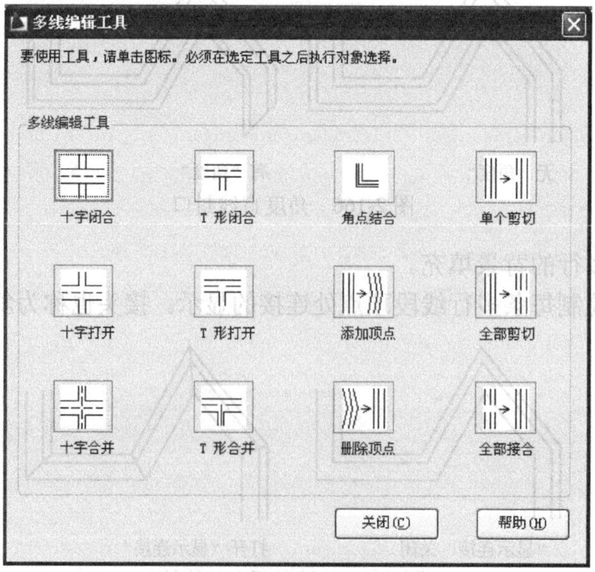

图 2-169　多线编辑工具

顶点，并且控制角点接头的显示来编辑多线。可以使用多种方法使多线相交。也可以编辑多线样式来改变单个直线元素的特性，或改变多线的末端封口和背景。

（2）拉伸

① 概念：可以通过移动端点、顶点或控制点来拉伸某些对象。STRETCH 仅移动位于窗交选择内的顶点和端点，不更改那些位于窗交选择外的顶点和端点（图 2-170），如果对象的所有端点都在选择窗口内部，还可以使用拉伸命令移动对象（图 2-171）。

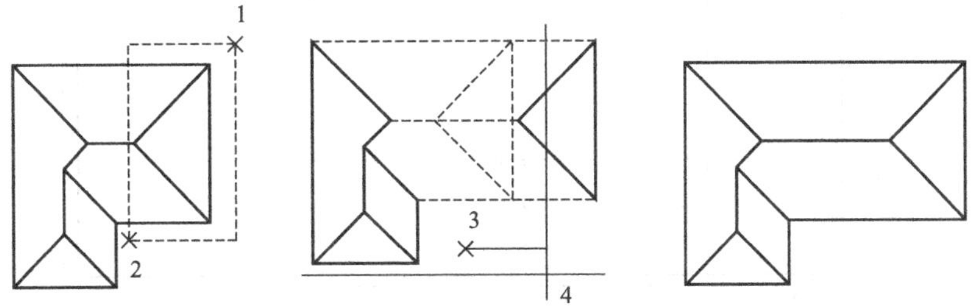

使用交叉选择选定的对象　　指定用于拉伸的点　　结果

图 2-170　拉伸对象

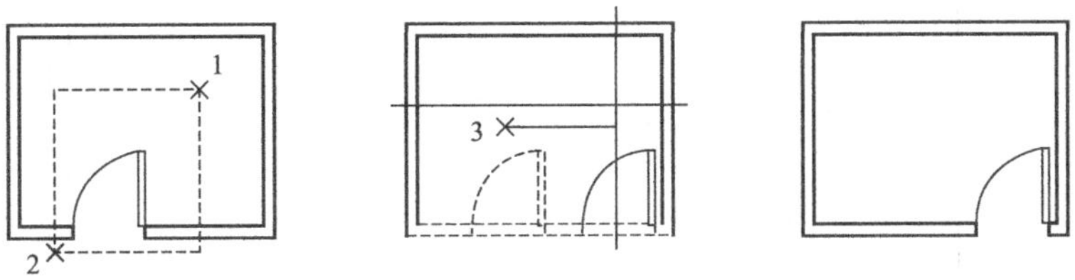

使用窗交选择选定的对象　　在打开“正交”模式和直接距离输入功能的情况下移动门　　结果

图 2-171　使用拉伸工具移动对象

② 操作：拉伸与选择窗口或多边形交叉的对象

工具栏：修改

菜单：修改(M) ➤ 拉伸(H)

命令条目：stretch

三、平面图形绘图步骤

① 创建图层，使用偏移命令来准确的确定各线之间的尺寸绘制出作图基准（图 2-172）。

② 新建设置以下多线样式，用“多线”（MLINE）命令设置比例为 1，对正为“无（Z）”，使用样式 WALL 画外墙，使用样式 DOOR 画窗（图 2-173）。

a. 样式：WALL，画外墙，设置 2 条实线，偏移分别为 5 和−5，颜色和线型均为“随层”，多线特性用 90° 直线封口；

b. 样式：DOOR，画窗，设置 4 条实线，偏移分别为 5、1.7、−1.7 和−5，颜色和线型均为“随层”，多线特性用 90° 直线封口。

③ 新建建筑表格样式，创建标题栏（图 2-174）。

④ 以标题栏右下角为基点，将标题栏移动至图框内。

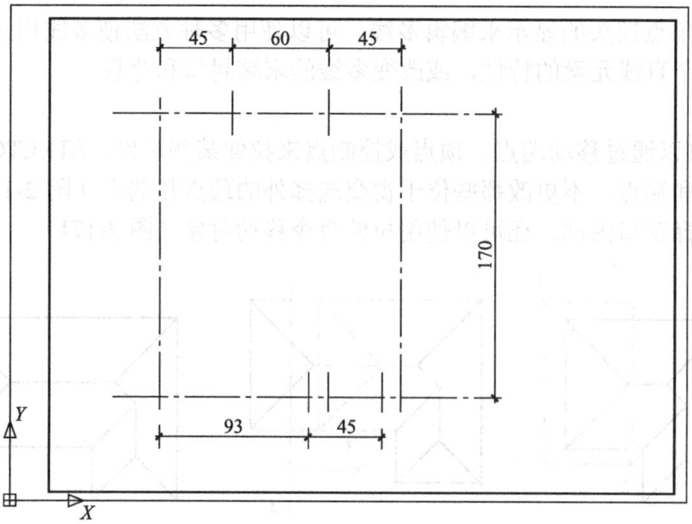

图 2-172　绘制绘图基准

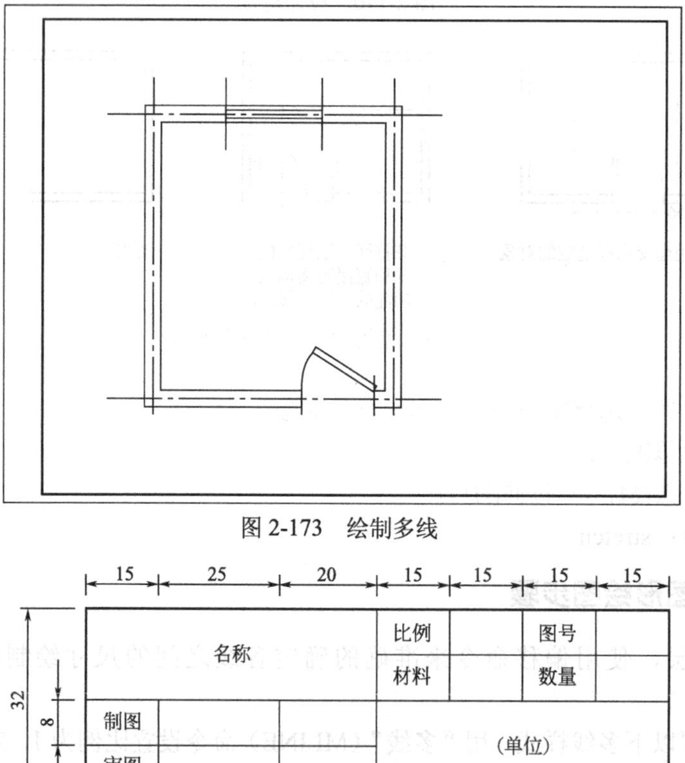

图 2-173　绘制多线

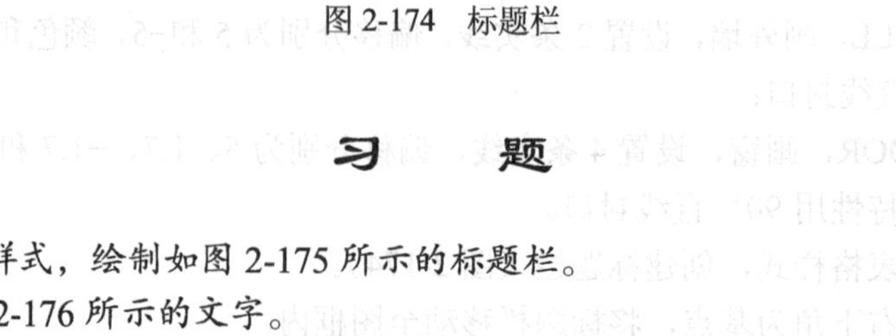

图 2-174　标题栏

习　题

1. 新建表格样式，绘制如图 2-175 所示的标题栏。
2. 书写如图 2-176 所示的文字。

图名			比例	比例	图号
			数量	数量	
制图	制图人	制图日期	重量	重量	校名
校图	校图人	校图日期	材料	材料	
审核	审核人	审核日期	单位	单位	
12	28	25	12	18	35

(行高：16，8，8，8)

图 2-175　习题 1 图

合肥通用职业技术学院　AutoCAD2009

合肥通用职业技术学院

合肥通用职业技术学院

合 肥 通 用 职 业 技 术 学 院

合肥通用职业技术学院

● 合肥通用职业技术学院

● $\frac{3}{6}$ $\genfrac{}{}{0pt}{}{3}{6}$ 3_6 3^6 $\varnothing 60^{+0.03}_{-0.02}$ $\pm 50^\circ$

图 2-176　习题 2 图

3. 绘制如图 2-177 所示的图形。

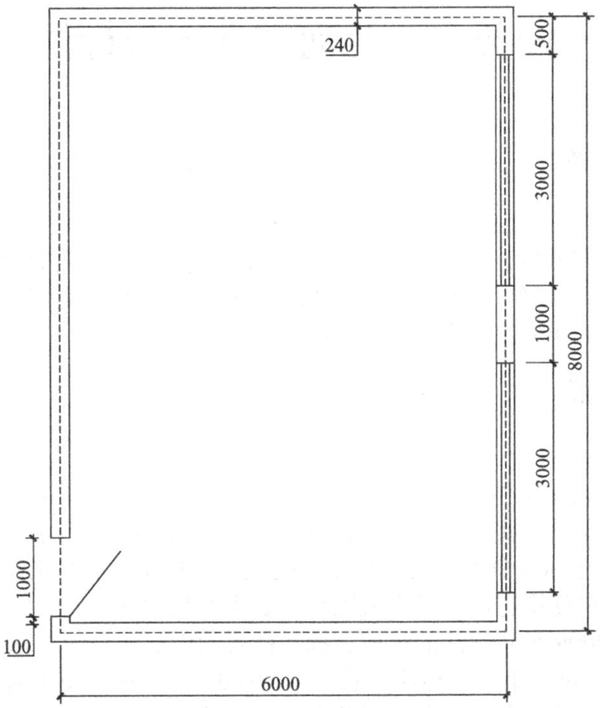

图 2-177　习题 3 图

4. 绘制如图 2-178 所示的图形。

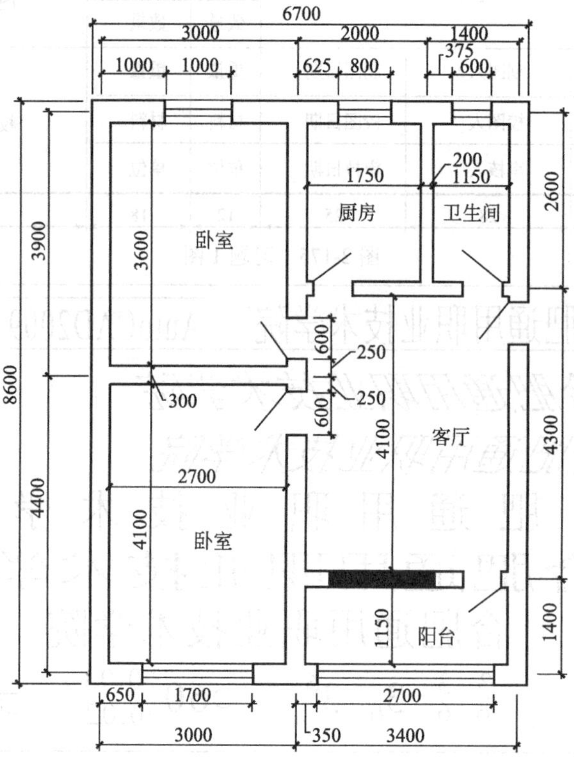

图 2-178　习题 4 图

任务七　几何零件图形标注

一、任务与要求

在 AutoCAD 软件中应了解尺寸标注的规则和组成，以及“标注样式管理器”对话框的使用方法。并掌握创建尺寸标注的基础以及样式设置的方法，掌握各种类型尺寸标注的方法，其中包括长度型尺寸、半径、直径、圆心、角度、引线和形位公差等；另外掌握编辑标注对象的方法，完成图 2-179 中的图形。

二、相关知识点

1. 尺寸标注

尺寸标注是绘图设计工作中的一项重要内容，因为绘制图形的根本目的是反映对象的形状，而图形中各个对象的真实大小和相互位置只有经过尺寸标注后才能确定。AutoCAD 2009 包含了一套完整的尺寸标注命令和实用程序，提供了三种基本类型的标注：线性标注、半径标注和角度标注，用户使用它们足以完成图纸中要求的尺寸标注。用户在进行尺寸标注之前，必须了解 AutoCAD 2009 尺寸标注的组成、标注样式的创建和设置方法。

AutoCAD 2009 提供了十余种标注工具（图 2-180）用以标注图形对象，分别位于“标注”菜单或“标注”工具栏中。使用它们可以进行角度、直径、半径、线性、对齐、连续、圆心

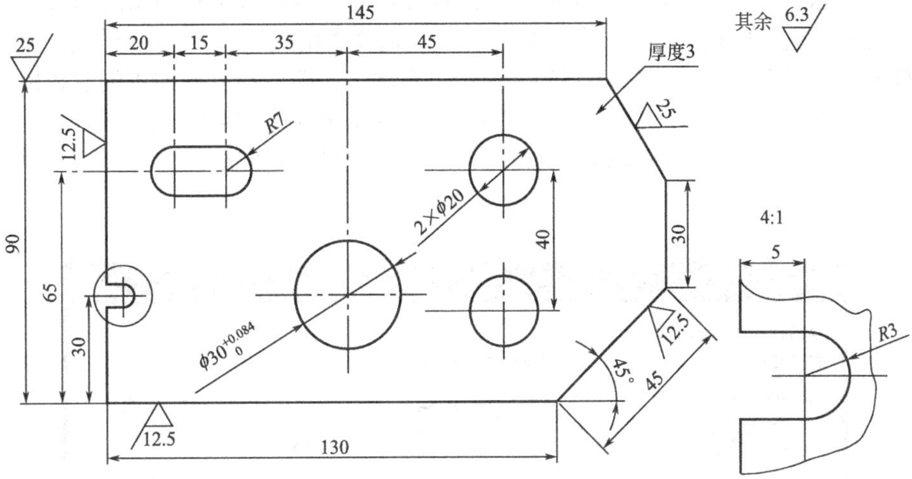

图 2-179　平面图形（七）

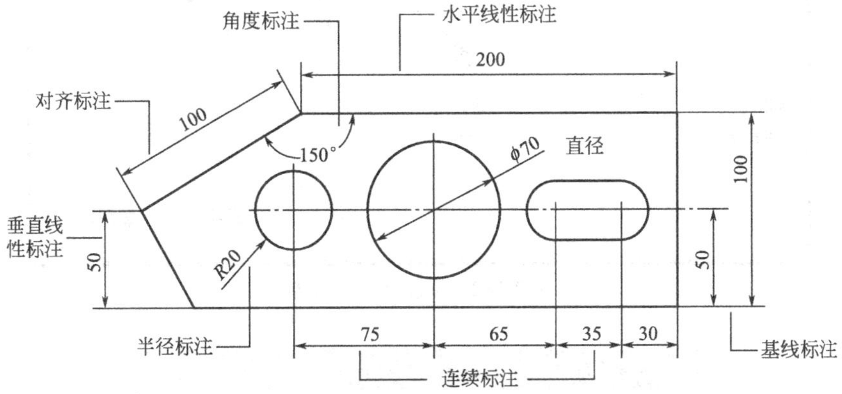

图 2-180　标注的类型

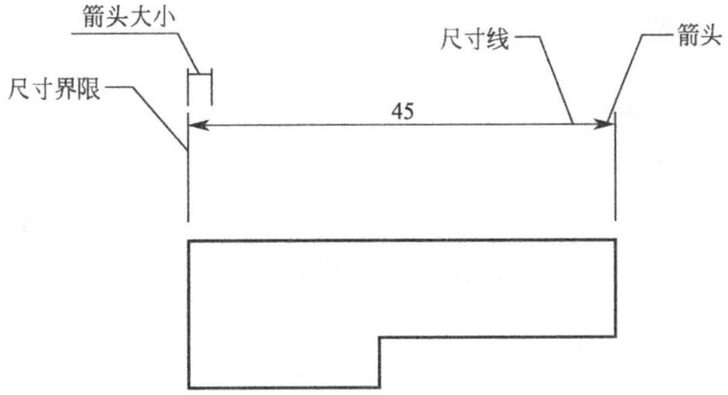

图 2-181　标注的组成

及基线等标注。在机械制图或其他工程绘图中，一个完整的尺寸标注应由标注文字、尺寸线、尺寸界线、尺寸线的端点符号及起点等组成，如图 2-181 所示。

（1）标注样式

AutoCAD 在当前图层上绘制标注，每个标注均与一个标注样式相关联，无论此标注是默认标注还是用户定义的标注。样式可以控制诸如颜色、文字样式和线型比例等标注特征，但不支持厚度信息。样式族可以针对不同类型的标注，对基本样式进行细微的修改；而替代可以对特定的标注进行样式修改。要创建标注样式，选择“格式”→“标注样式”命令，打开“标注样式管理器”对话框（图 2-182），单击“新建”按钮，在打开的“创建新标注样式”对话框（图 2-183）中即可创建新标注样式（图 2-184），控制尺寸线、尺寸延伸线、箭头、中心标记的外观、标注文字、箭头和引线相对于尺寸线和尺寸延伸线的位置、标注中数值的显示格式等。

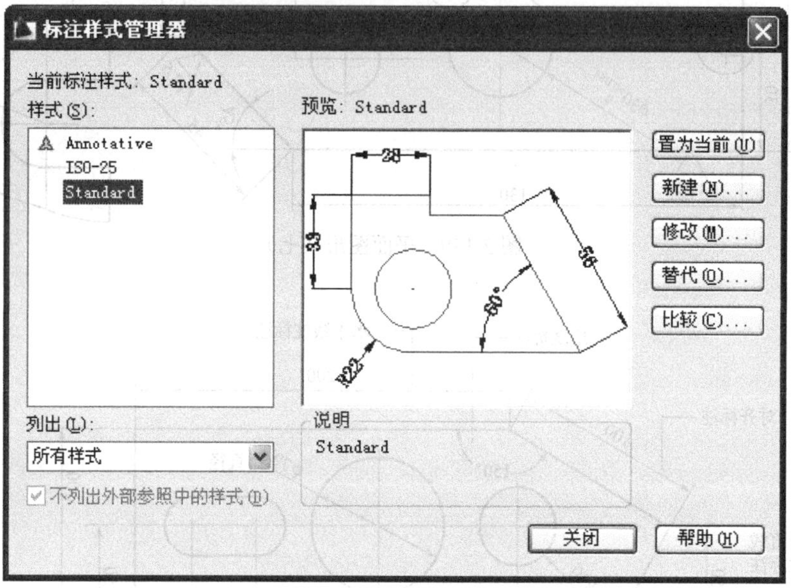

图 2-182　标注样式管理器

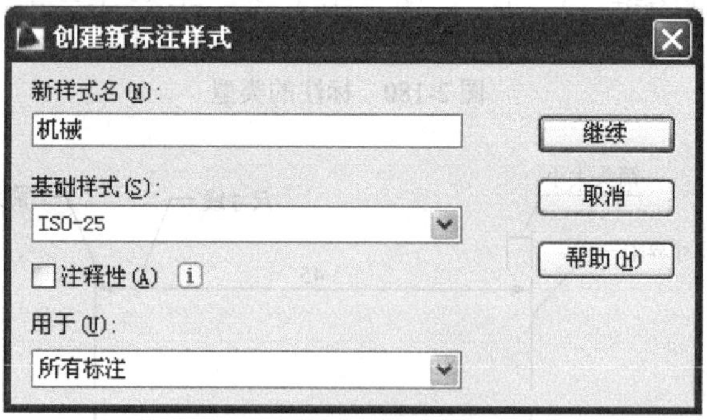

图 2-183　创建标注样式

➢ 线：设置尺寸线、延伸线、箭头和圆心标记的格式和特性（图 2-185）。

【尺寸线】：在“尺寸线”选项组中，可以设置尺寸线的颜色、线宽、超出标记以及基线间距等属性（图 2-186、图 2-187）。

【延伸线】：在“延伸线”选项组中，可以设置尺寸界线的颜色、线宽、超出尺寸线的长度和起点偏移量、隐藏控制等属性(图 2-188～图 2-191)。

➢ 符号和箭头：设置箭头、圆心标记、弧长符号和折弯半径标注的格式和位置(图 2-192)。

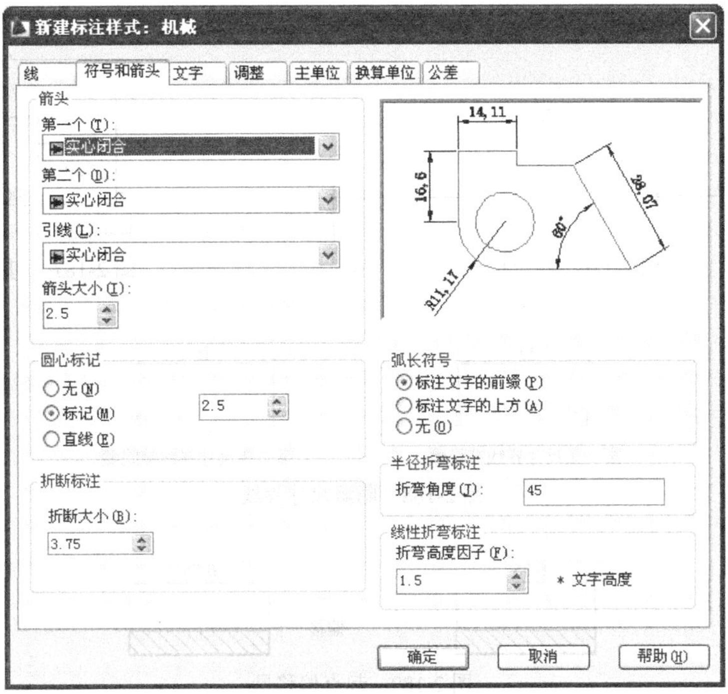

图 2-184　新建标注样式

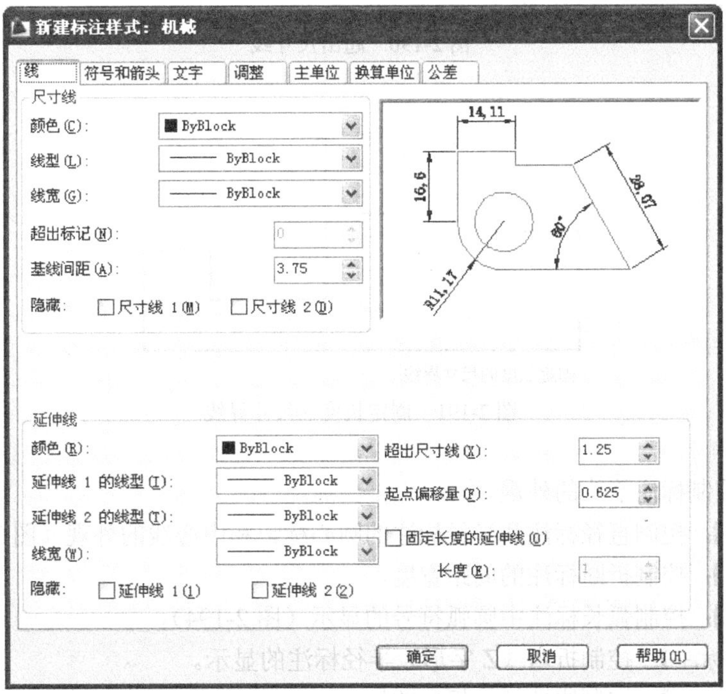

图 2-185　“线”选项卡

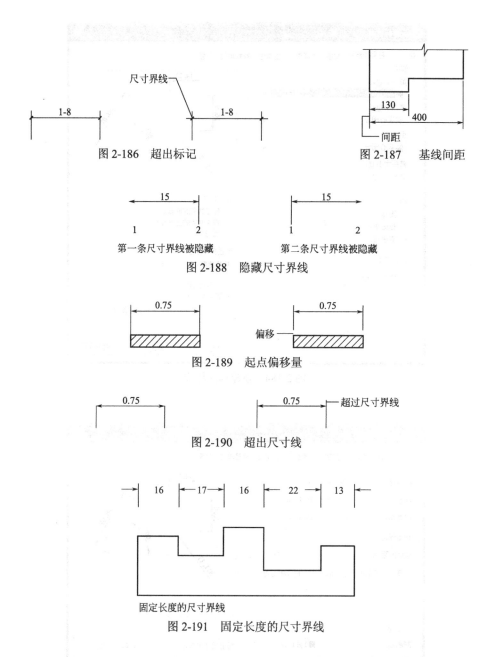

图 2-186　超出标记

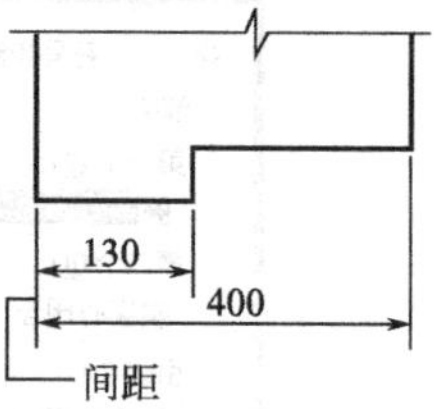

图 2-187　基线间距

图 2-188　隐藏尺寸界线

图 2-189　起点偏移量

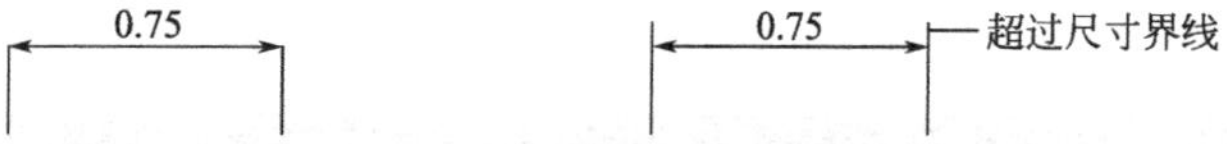

图 2-190　超出尺寸线

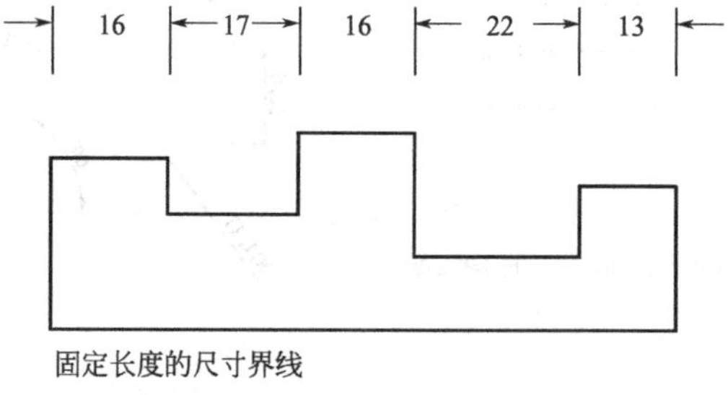

图 2-191　固定长度的尺寸界线

【箭头】：控制标注箭头的外观。

【圆心标记】：控制直径标注和半径标注的圆心标记和中心线的外观（图 2-193）。

【折断标注】：控制折断标注的间距宽度。

【弧长符号】：控制弧长标注中圆弧符号的显示（图 2-194）。

【半径折弯标注】：控制折弯（Z 字形）半径标注的显示。

【线性折弯标注】：控制线性标注折弯的显示。

➢ 文字：设置标注文字的格式、放置和对齐（图 2-195）。

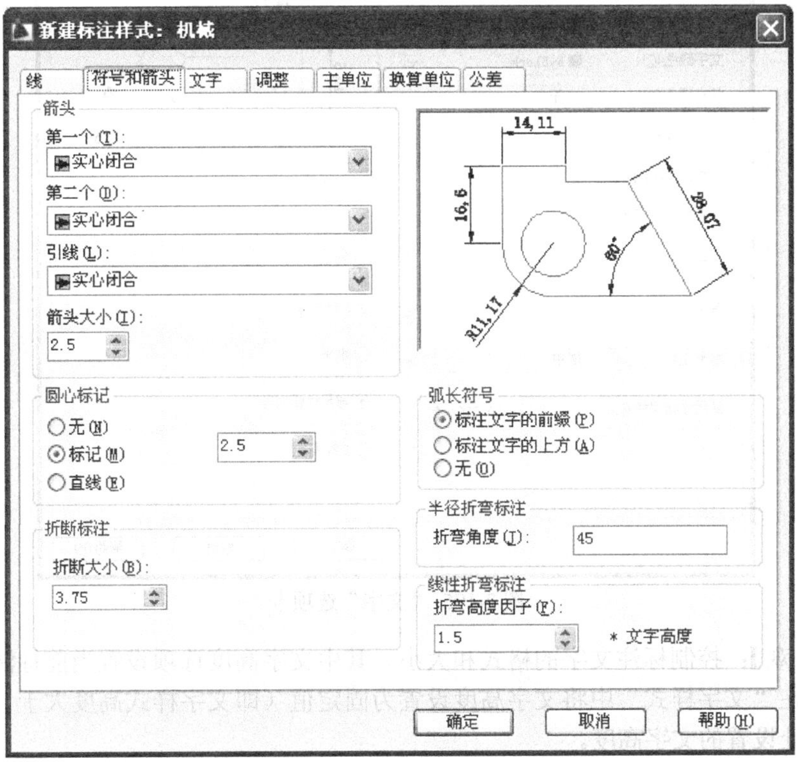

图 2-192　“符号和箭头”选项卡

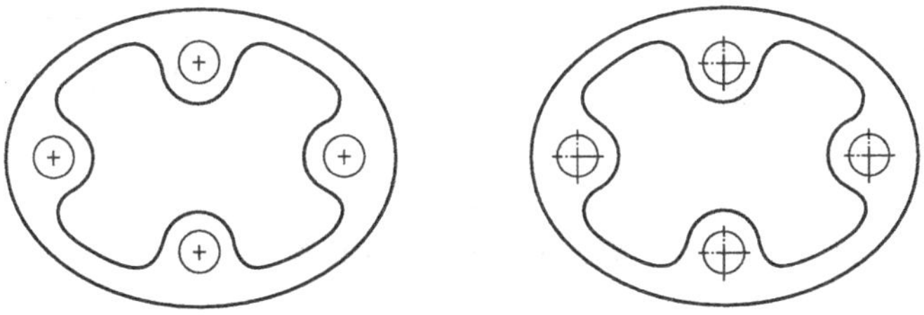

标记效果　　直线效果

图 2-193　圆心标记

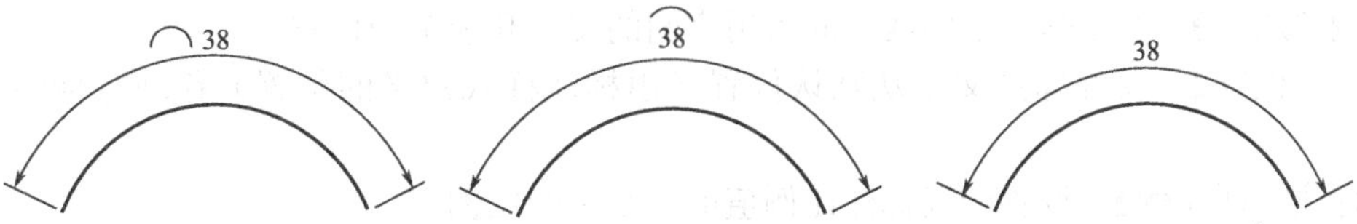

图 2-194　圆弧标记

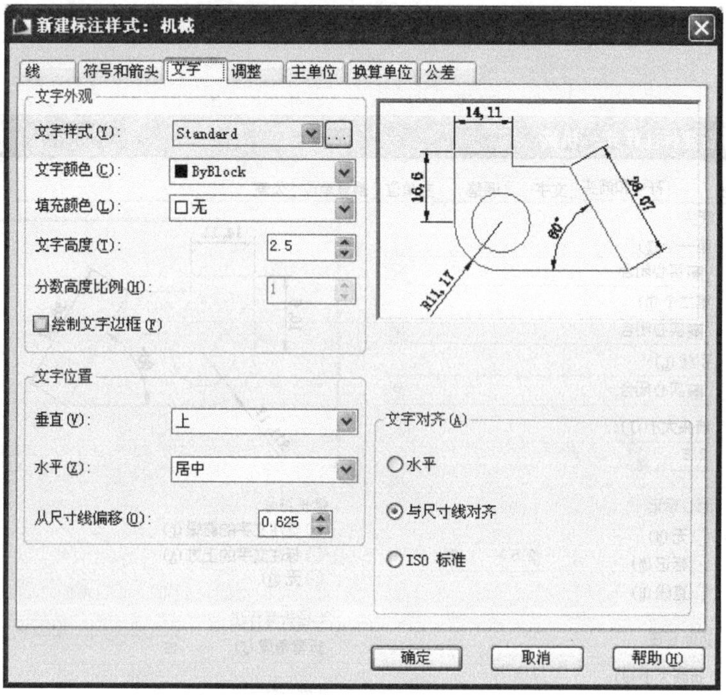

图 2-195　“文字”选项卡

【文字外观】：控制标注文字的格式和大小。其中文字高度选项设置当前标注文字样式的高度。如果在“文字样式”中将文字高度设置为固定值（即文字样式高度大于 0），则该高度将替代此处设置的文字高度。

【文字位置】：控制标注文字的位置（图 2-196）。

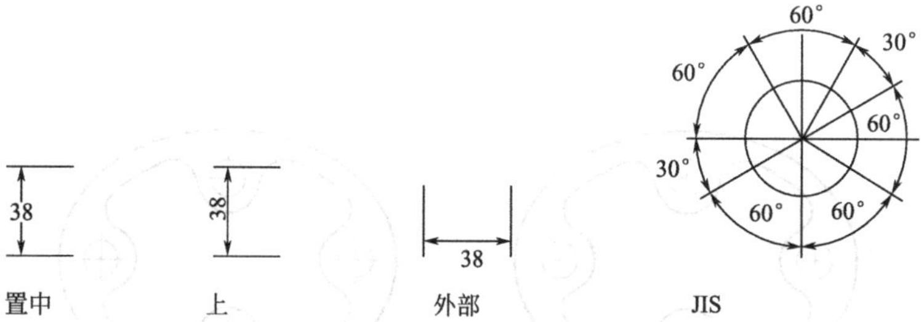

图 2-196　标注文字位置

【文字对齐】控制标注文字放在延伸线外边或里边时的方向是保持水平还是与延伸线平行。分为水平放置文字、文字与尺寸线对齐和当文字在延伸线内时文字与尺寸线对齐、当文字在延伸线外时文字水平排列三种格式。

➢ 调整：控制标注文字、箭头、引线和尺寸线的放置（图 2-197）。

【调整选项】：控制基于延伸线之间可用空间的文字和箭头的位置。

【文字位置】：设置标注文字从默认位置（由标注样式定义的位置）移动时标注文字的位置。

【标注特征比例】：设置全局标注比例值或图纸空间比例。

【优化】：提供用于放置标注文字的其他选项。

➢ 主单位：设置主标注单位的格式和精度，并设置标注文字的前缀和后缀（图 2-198）。

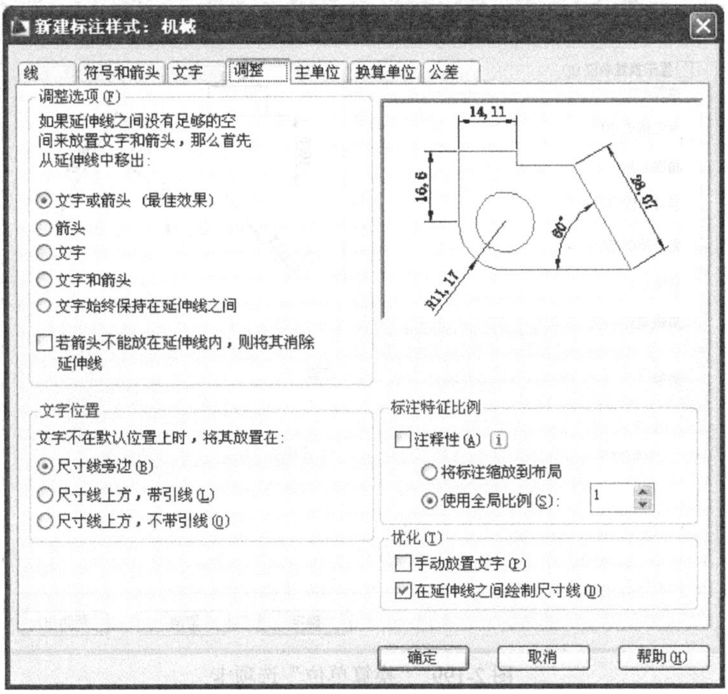

图 2-197 “调整”选项卡

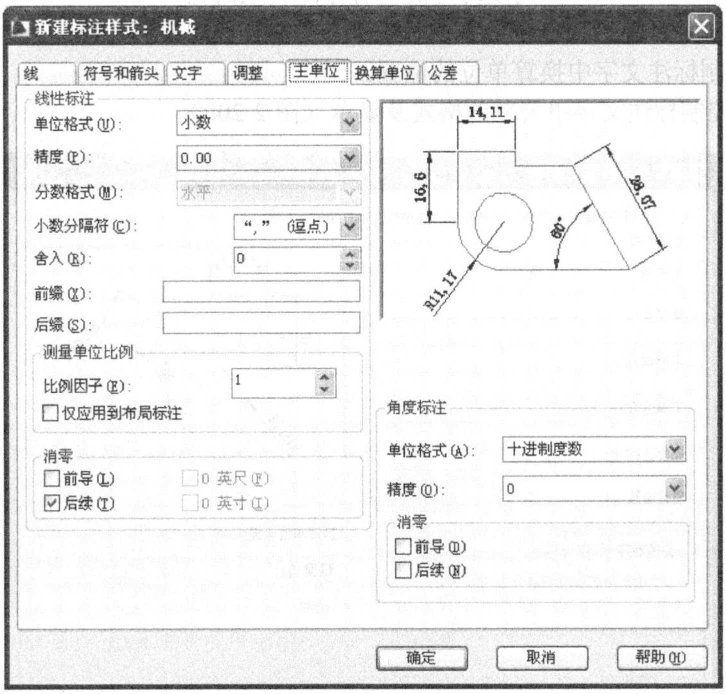

图 2-198 “主单位”选项卡

【线性标注】：设置线性标注的格式和精度。

【角度标注】：显示和设置角度标注的当前角度格式。

➢ 换算单位：指定标注测量值中换算单位的显示并设置其格式和精度（图 2-199）。

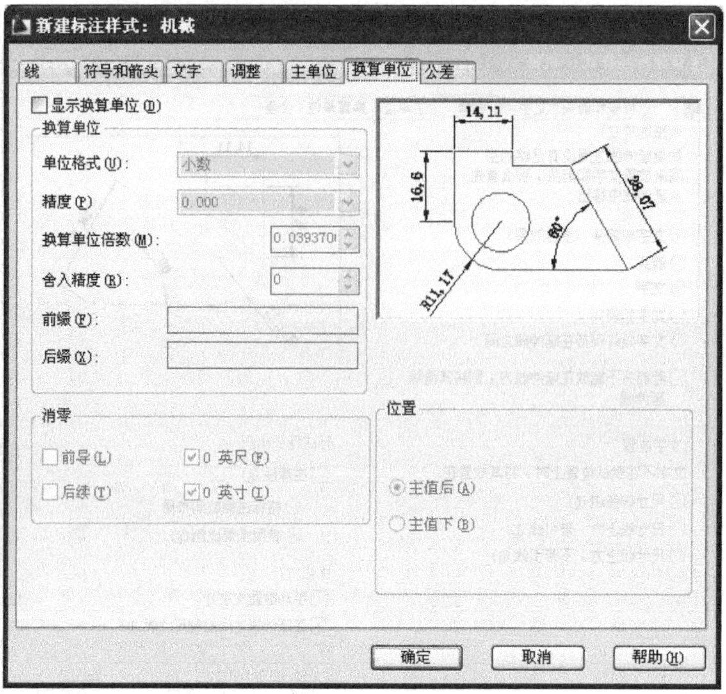

图 2-199 “换算单位”选项卡

【换算单位】显示和设置除角度之外的所有标注类型的当前换算单位格式。

【消零】控制是否禁止输出前导零和后续零以及零英尺和零英寸部分。

【位置】控制标注文字中换算单位的位置。

➢ 公差：控制标注文字中公差的格式及显示（图 2-200）。

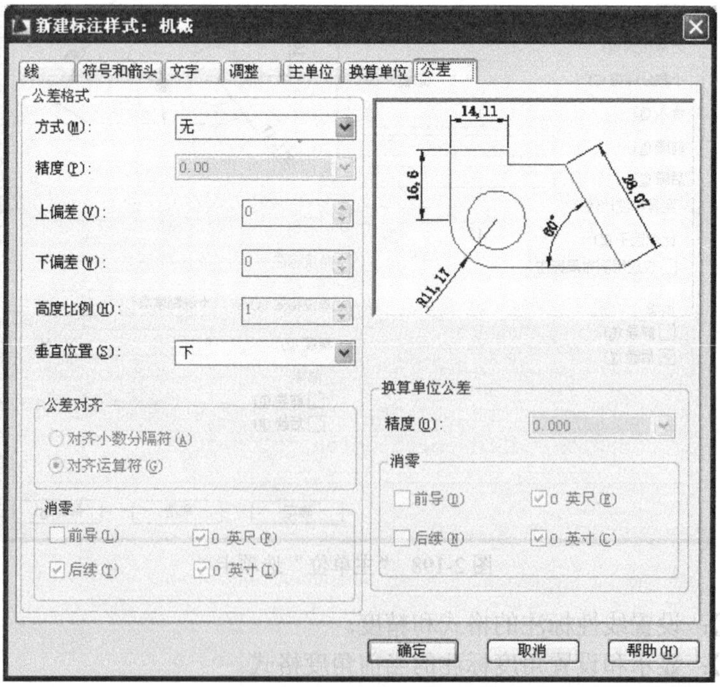

图 2-200 “公差”选项卡

【公差格式】：控制公差格式。

【公差对齐】：堆叠时，控制上偏差值和下偏差值的对齐。

【换算单位公差】：设置换算公差单位的格式。

【消零】：控制是否禁止输出前导零和后续零以及零英尺和零英寸部分。

（2）标注尺寸与编辑标注对象

在了解尺寸标注的组成与规则、标注样式的创建和设置方法后，接下来就可以使用标注工具标注图形了。AutoCAD 2009 提供了完善的标注命令，例如使用“直径”、“半径”、“角度”、“线性”、“圆心标记”等标注命令，可以对直径、半径、角度、直线及圆心位置等进行标注。

➢ 线性标注：可以标注直线水平和垂直的长度（图 2-201）。

工具栏：标注

菜单：标注(N) ➤ 线性(L)

命令：dimlinear

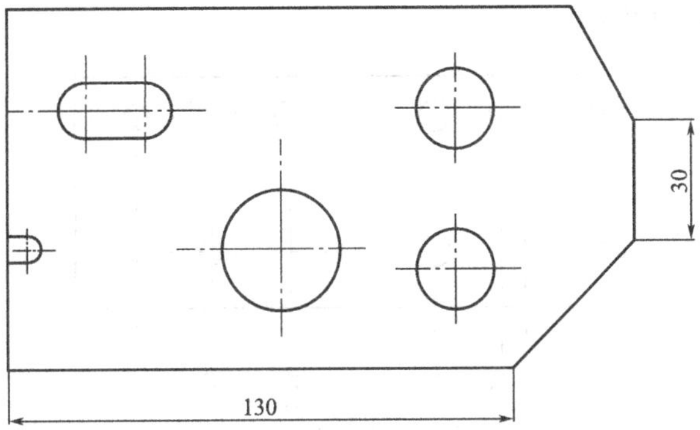

图 2-201　线性标注

➢ 对齐标注：可以标注斜直线的长度及弧长（图 2-202）。

工具栏：标注

菜单：标注(N) ➤ 对齐(G)

命令条目：dimaligned

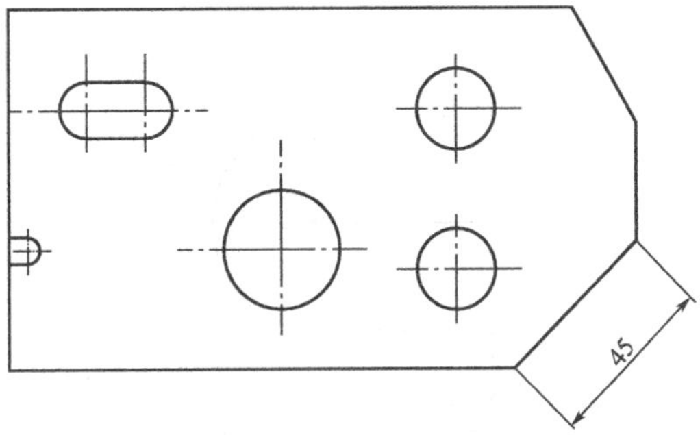

图 2-202　对齐标注

➢ 圆弧长度标注：弧长标注用于测量圆弧或多段线弧线段上的距离。弧长标注的延伸线可以正交或径向。在标注文字的上方或前面将显示圆弧符号（图 2-203）。

工具栏：标注

菜单：标注(N) ➤ 弧长(H)

命令条目：dimarc

命令：_dimarc

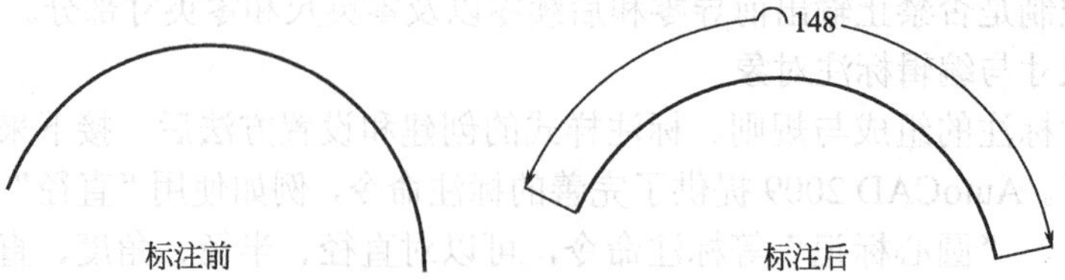

图 2-203　圆弧标注

➢ 坐标标注：坐标标注用于测量从原点（称为基准）到要素（例如部件上的一个孔）的水平或垂直距离。这种标注保持特征点与基准点的精确偏移量，从而避免增大误差(图 2-204)。

工具栏：标注

菜单：标注(N) ➤ 坐标(O)

命令条目：dimordinate

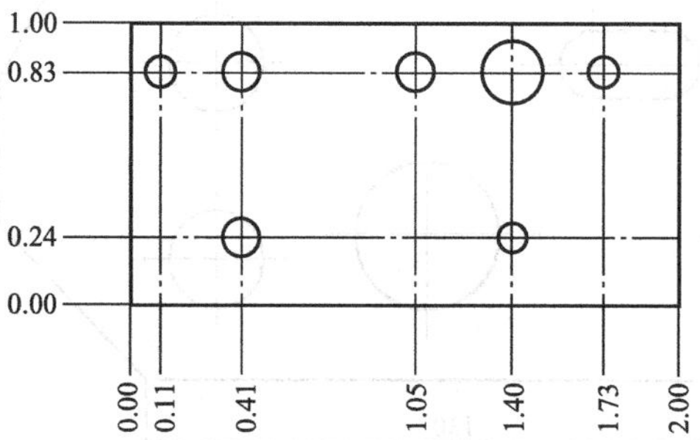

图 2-204　坐标标注

➢ 半径标注：测量选定圆或圆弧的半径，并显示前面带有半径符号的标注文字（图 2-205）。

工具栏：标注

菜单：标注(N) ➤ 半径(R)

命令条目：dimradius

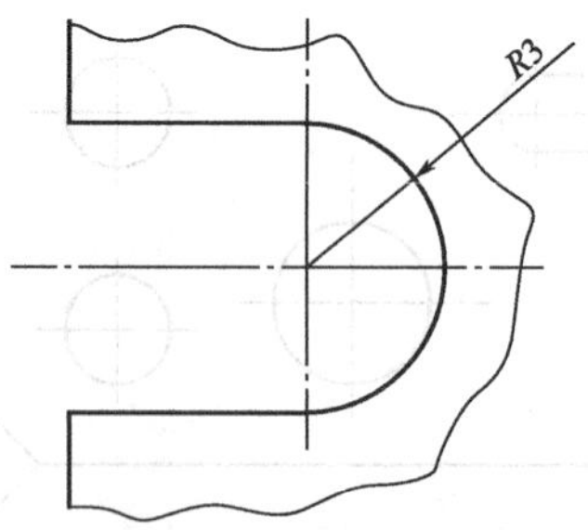

图 2-205　半径标注

➢ 折弯标注：当圆弧或圆的中心位于布局之外并且无法在其实际位置显示时，可以采用中心位置替代的方式在更方便的位置指定标注的原点（图 2-206）。

工具栏：标注

菜单：标注(N) ➤ 折弯(J)

命令条目：dimjogged

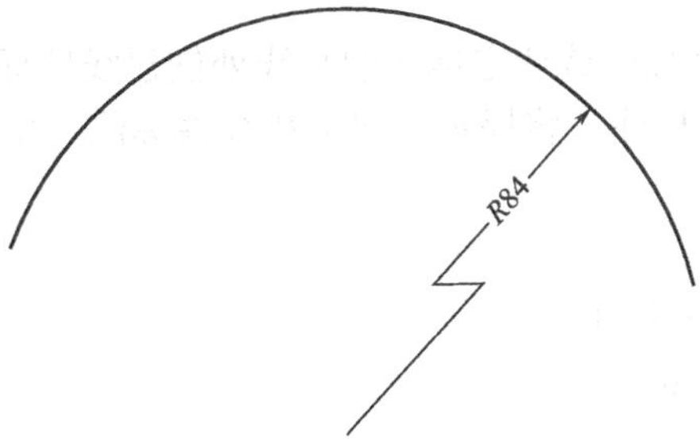

图 2-206　折弯标注

➤ 直径标注：测量选定圆或圆弧的直径，并显示前面带有直径符号的标注文字（图 2-207）。

工具栏：标注

菜单：标注(N) ➤ 直径(D)

命令条目：dimdiameter

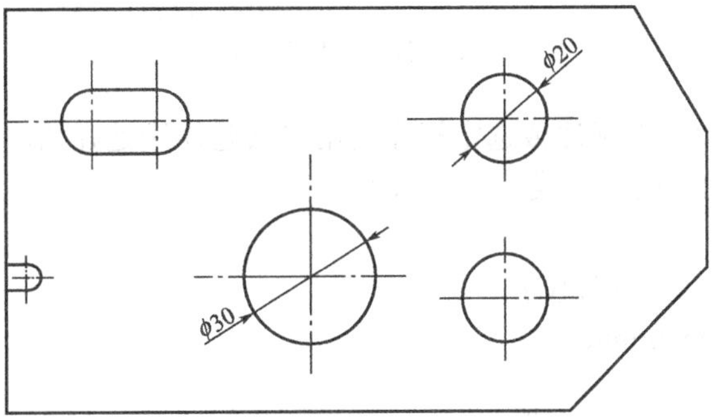

图 2-207　直径标注

➤ 角度标注：测量选定的对象或 3 个点之间的角度，可以选择的对象包括圆弧、圆和直线等（图 2-208）。

工具栏：标注

菜单：标注(N) ➤ 角度(A)

命令条目：dimangular

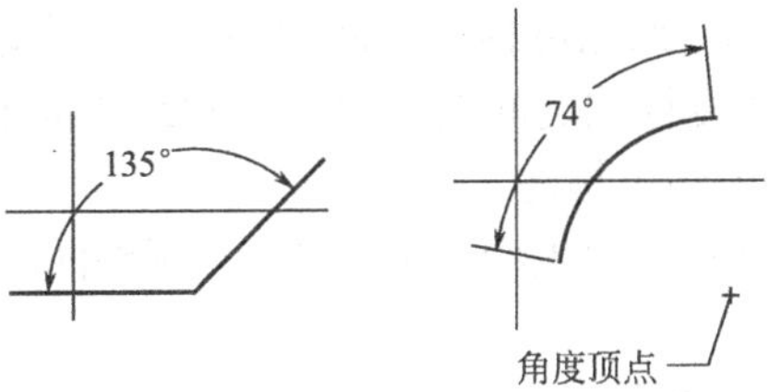

图 2-208　角度标注

➤ 快速标注：从选定的对象快速创建一系列标注，创建系列基线或连续标注，或者为一系列圆或圆弧创建标注。

工具栏：标注

菜单：标注(N) ➤ 快速标注(Q)

命令条目：qdim

➢ 基线标注：从上一个标注或选定标注的基线处创建线性标注、角度标注或坐标标注，如果当前任务中未创建任何标注，将提示用户选择线性标注、坐标标注或角度标注，以用作基线标注的基准（图 2-209）。

工具栏：标注

菜单：标注(N) ➤ 基线(B)

命令条目：dimbaseline

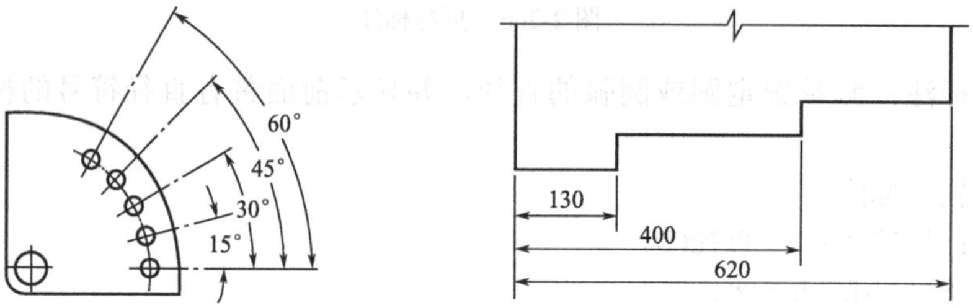

角度基线标注　　线性基线标注

图 2-209　基线标注

➢ 连续标注：从上一个标注或选定标注的第二条延伸线处开始，创建线性标注、角度标注或坐标标注，将自动排列尺寸线（图 2-210）。

工具栏：标注

菜单：标注(N) ➤ 连续(C)

命令条目：dimcontinue

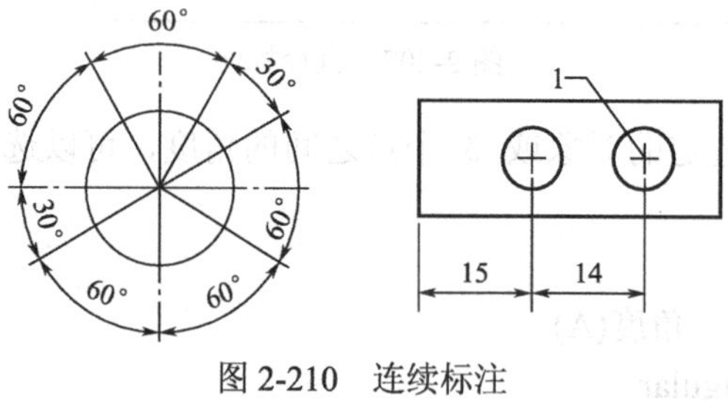

图 2-210　连续标注

➢ 等距标注：调整线性标注或角度标注之间的间距，可自动调整平行的线性标注之间的间距或共享一个公共顶点的角度标注之间的间距。尺寸线之间的间距相等，还可以通过使用间距值“0”来对齐线性标注或角度标注。

功能区：“注释”选项卡 ➤ “标注”面板 ➤ “调整间距”

工具栏：标注

菜单：标注(N) ➤ 标注间距(P)

命令条目：dimspace

▶ 折断标注：在标注和延伸线与其他对象的相交处打断或恢复标注和延伸线，可以将折断标注添加到线性标注、角度标注和坐标标注等（图 2-211）。

工具栏：标注

菜单：标注(N) ➤ 标注打断(K)

命令条目：dimbreak

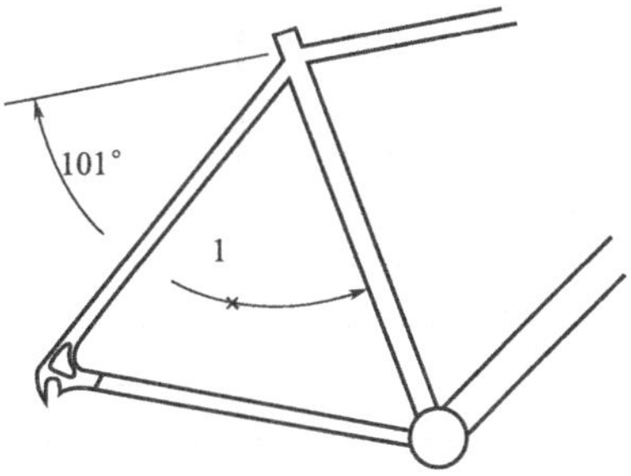

图 2-211 折断标注

➤ 形位公差：表示特征的形状、轮廓、方向、位置和跳动的允许偏差。可以通过特征控制框（图 2-212）来添加形位公差，这些框中包含单个标注的所有公差信息。可以创建带有或不带引线的形位公差。

工具栏：标注

菜单：标注(N) ➤ 公差(T)

命令条目：tolerance

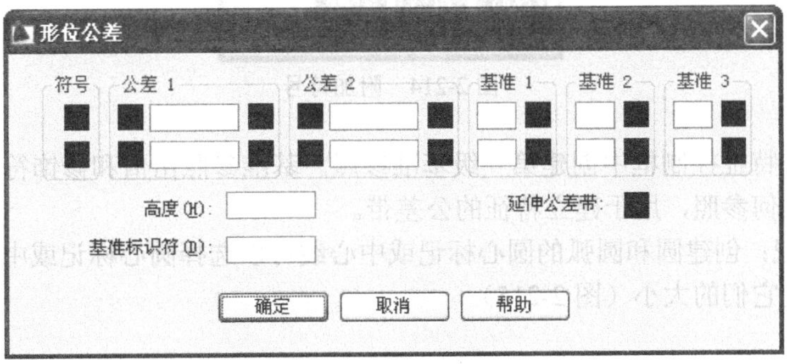

图 2-212 形位公差对话框

【符号】：显示从“特征符号”对话框（图 2-213）中选择的几何特征符号，选择一个“符号”框时，显示该对话框。

形位公差符号说明见表 2-16。

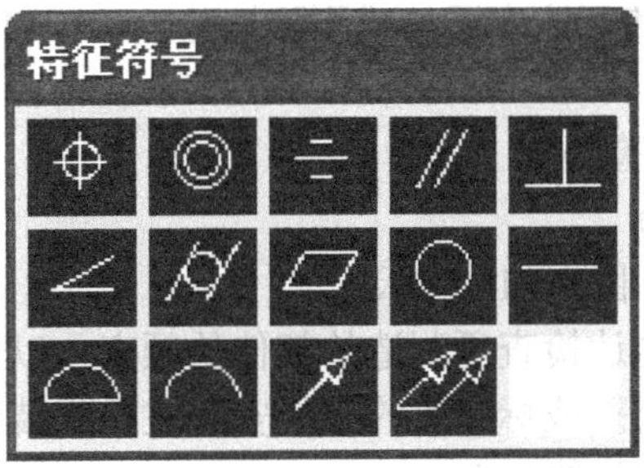

图 2-213 特征符号对话框

表 2-16　形位公差符号

符　号	特　征	类型	符　号	特　征	类　型
⌖	位置度	定位	◎	同轴（同心）度	定位
⌯	对称度	定位	//	平行度	定向
⊥	垂直度	定向	∠	倾斜度	定向
⌭	圆柱度	形状	▱	平面度	形状
○	圆度	形状	—	直线度	形状
⌓	面轮廓度	轮廓	⌒	线轮廓度	轮廓
↗	圆跳动	跳动	⌰	全跳动	跳动

【公差】：创建特征控制框中的第一个公差值。公差值指明了几何特征相对于精确形状的允许偏差量。可在公差值前插入直径符号，在其后插入包容条件符号（图 2-214）。

图 2-214　附加符号

【基准】：在特征控制框中创建第一级基准参照。基准参照由值和修饰符号组成。基准是理论上精确的几何参照，用于建立特征的公差带。

➢ 圆心标记：创建圆和圆弧的圆心标记或中心线可以选择圆心标记或中心线，并在设置标注样式时指定它们的大小（图 2-215）。

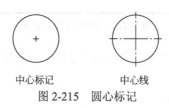

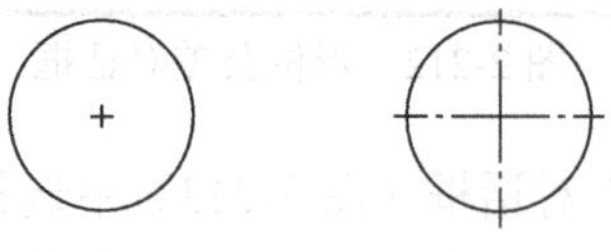

图 2-215　圆心标记

➢ 检验：让用户在选定的标注中添加或删除抽验。

工具栏：标注

菜单：标注(N) ▸ 检验(I)

命令条目：diminspect

弹出检验标注对话框，如图 2-216 所示。

抽验使用户可以有效地传达检查所制造的部件的频率，以确保标注值和部件公差位于指定范围内。将必须符合指定公差或标注值的部件安装在最终装配的产品中之前使用这些部件时，可以使用抽验指定测试部件的频率。

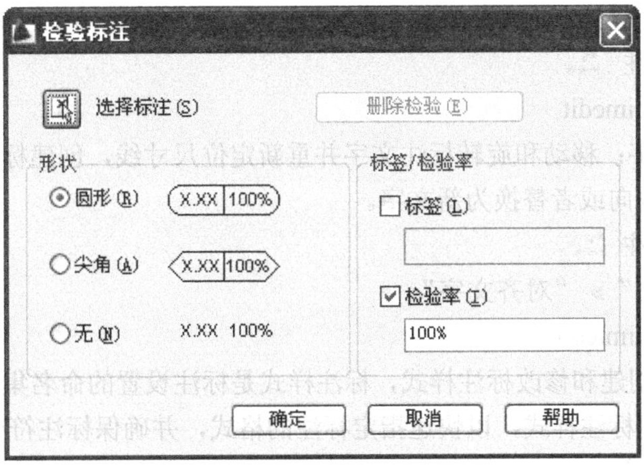

图 2-216　检验标注对话框

可以将抽验添加到任何类型的标注对象；抽验由边框和文字值组成。抽验的边框由两条平行线组成，末端呈圆形或方形。文字值用垂直线隔开。抽验最多可以包含三种不同的信息字段：检验标签、标注值和检验率，如图 2-217 所示。

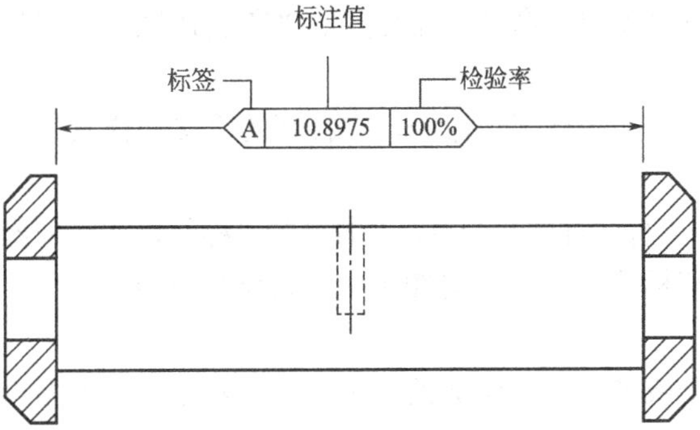

图 2-217　检验标注

➢ 折弯线性：在线性标注或对齐标注中添加或删除折弯线，标注中的折弯线表示所标注的对象中的折断。标注值表示实际距离，而不是图形中测量的距离（图 2-218）。

工具栏：标注

菜单：标注(N) ➢ 折弯线性(J)

命令条目：dimjogline

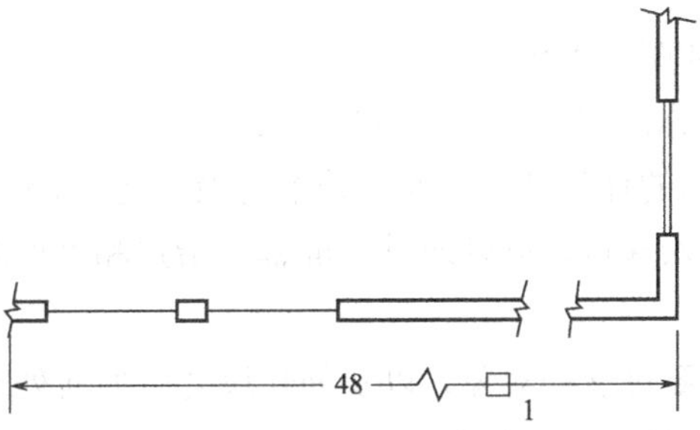

图 2-218　折弯标注

➢ 编辑标注：编辑标注文字和延伸线旋转、修改或恢复标注文字。创建标注后，可以旋转现有文字或用新文字替换。可以将文字移动到新位置或返回其初始位置更改延伸线的倾斜角。

工具栏：标注

命令条目：dimedit

➢ 编辑标注文字：移动和旋转标注文字并重新定位尺寸线，创建标注后，可以修改现有标注文字的位置和方向或者替换为新文字。

工具栏：标注

菜单："标注" ➤ "对齐文字"

命令条目：dimtedit

➢ 标注更新：创建和修改标注样式，标注样式是标注设置的命名集合，用于控制标注的外观。用户可以创建标注样式，以快速指定标注的格式，并确保标注符合标准。

工具栏：样式

菜单：格式(O) ➤ 标注样式(D)

命令条目：dimstyle

（3）创建尺寸标注的基本步骤

在 AutoCAD 中对图形进行尺寸标注的基本步骤如下：

① 选择"格式"→"图层"命令，在打开的"图层特性管理器"对话框中创建一个独立的图层，用于尺寸标注。

② 选择"格式"→"文字样式"命令，在打开的"文字样式"对话框中创建一种文字样式，用于尺寸标注。

③ 选择"格式"→"标注样式"命令，在打开的"标注样式管理器"对话框设置标注样式。

④ 使用对象捕捉和标注等功能，对图形中的元素进行标注。

2. 块

① 概念：块是一个或多个对象组成的对象集合，常用于绘制复杂、重复的图形。一旦一组对象组合成块，就可以根据作图需要将这组对象插入到图中任意指定位置，而且还可以按不同的比例和旋转角度插入。在 AutoCAD 中，使用块可以提高绘图速度、节省存储空间、便于修改图形。

② 操作：创建块对象

工具栏：绘图

菜单：绘图(D) ➤ 块(K) ➤ 创建(M)

命令条目：block

弹出块定义对话框，如图 2-219 所示。

◆ 名称：指定块的名称。名称最多可以包含 255 个字符，包括字母、数字、空格，以及操作系统或程序未作他用的任何特殊字符。块名称及块定义保存在当前图形中。

◆ 基点：指定块的插入基点，可以通过在屏幕上指定和"拾取插入基点"或输入基点坐标的方式指定基点。

◆ 对象：指定新块中要包含的对象，以及创建块之后如何处理这些对象，是保留还是删除选定的对象或者是将它们转换成块实例。

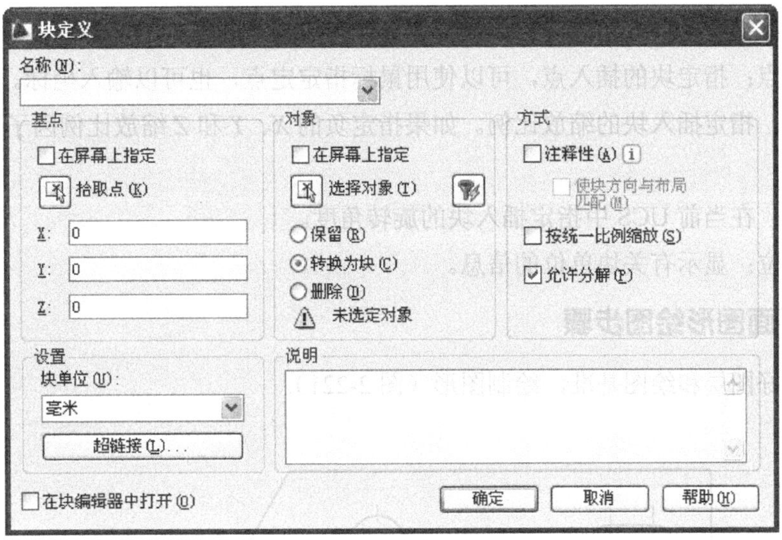

图 2-219　块定义

◆ 方式：指定块的行为。

【注释性】：指定块为注释性。

【使块方向与布局匹配】：指定在图纸空间视口中的块参照的方向与布局的方向匹配。如果未选择“注释性”选项，则该选项不可用。

【按统一比例缩放】：指定是否阻止块参照不按统一比例缩放。

【允许分解】：指定块参照是否可以被分解。

◆ 设置：指定块的参照插入单位和超链接设置。

③ 操作：插入块对象

工具栏：插入

菜单：插入(I) ➤ 块(B)

命令条目：insert

弹出插入块对象对话框，如图 2-220 所示：

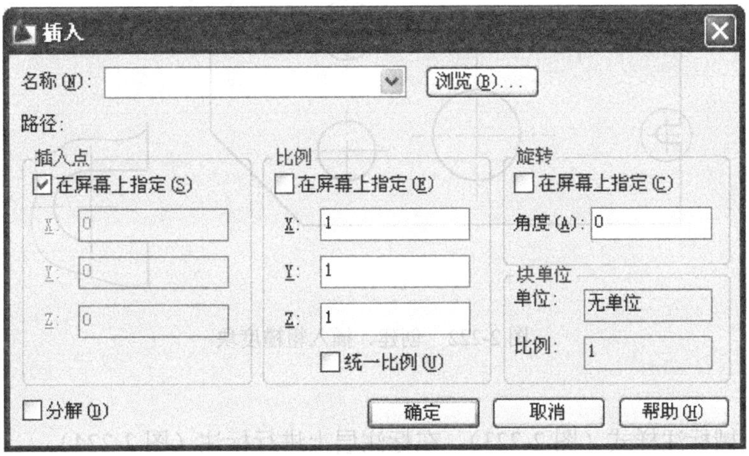

图 2-220　插入块

◆ 名称：指定要插入块的名称，或指定要作为块插入的文件的名称。

◆ 插入点：指定块的插入点，可以使用鼠标指定定点，也可以输入坐标。

◆ 比例：指定插入块的缩放比例。如果指定负的 *X*、*Y* 和 *Z* 缩放比例因子，则插入块的镜像图像。

◆ 旋转：在当前 UCS 中指定插入块的旋转角度。

◆ 块单位：显示有关块单位的信息。

三、平面图形绘图步骤

① 建立好图层和绘图基准，绘制图形（图 2-221）。

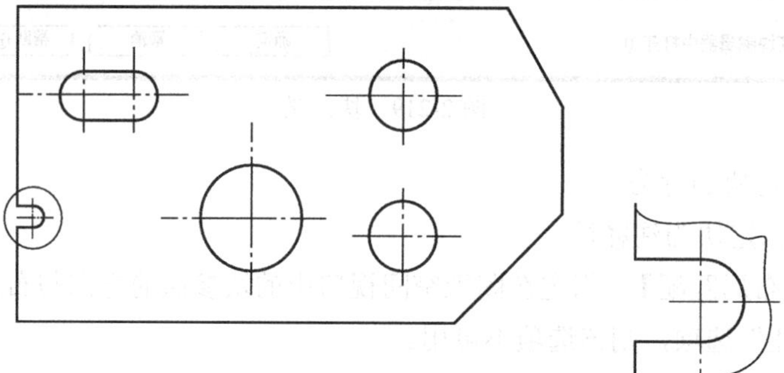

图 2-221　绘制作图基准和基本图形

② 建立粗糙度的块，在图形中插入块（图 2-222）。

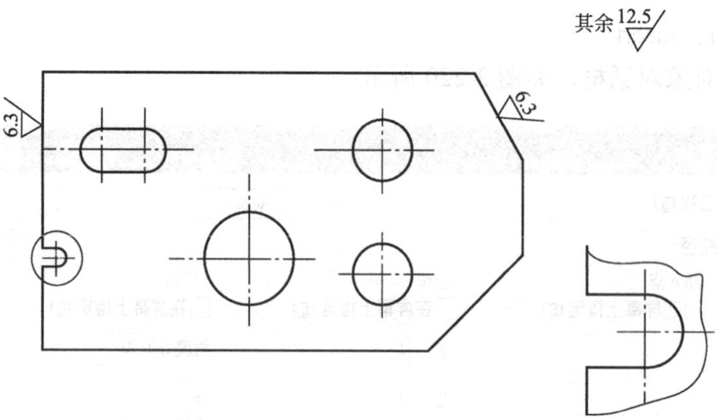

图 2-222　创建、插入粗糙度块

③ 建立机械标注样式（图 2-223），在标注层上进行标注（图 2-224）。

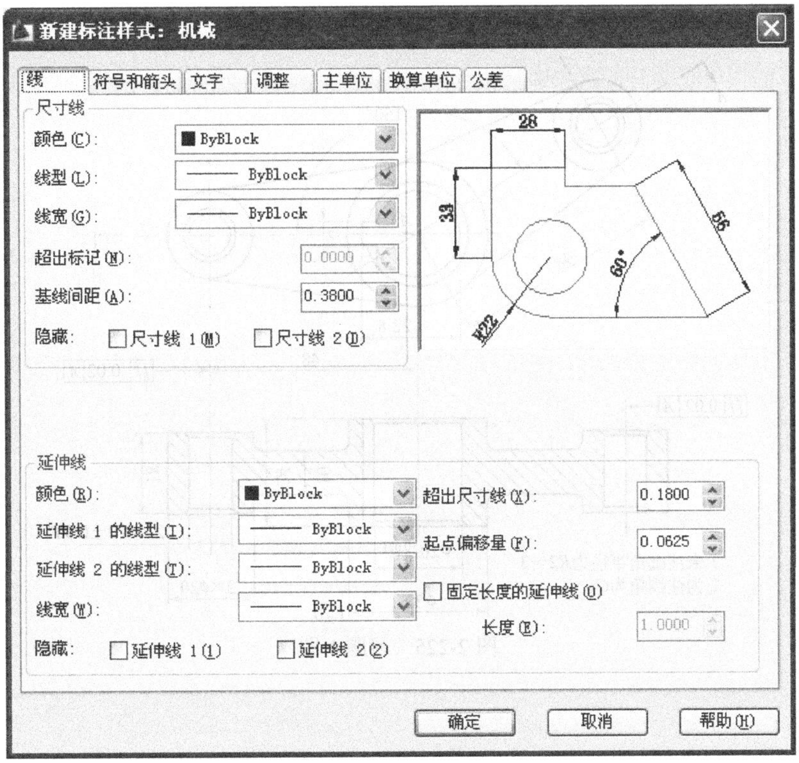

图 2-223　创建机械标注样式

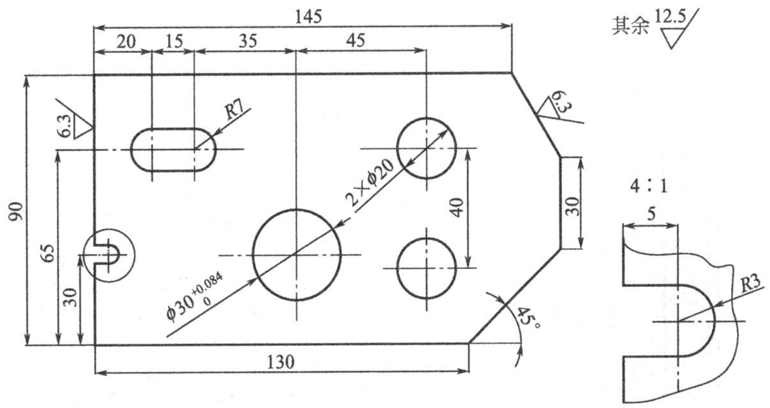

图 2-224　标注图形

习　　题

1. 绘制如图 2-225 所示的图形，并进行标注。
2. 绘制如图 2-226 所示的图形，并进行标注。
3. 绘制如图 2-227 所示的图形，并进行标注。

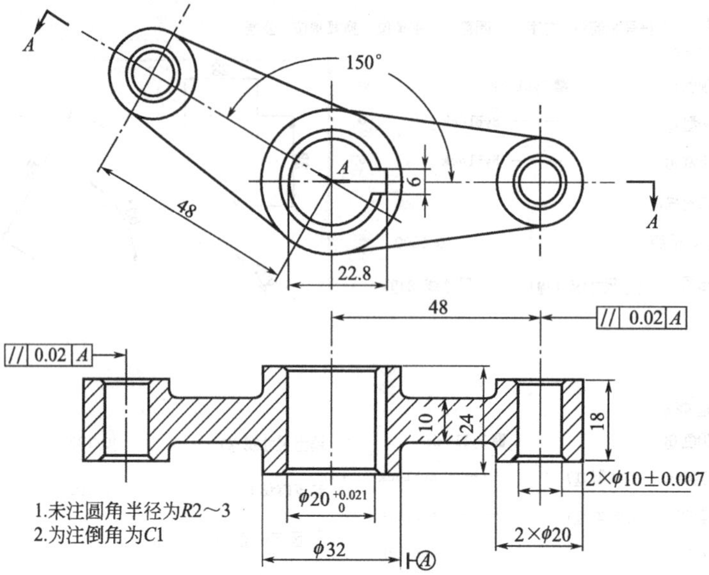

图 2-225　习题 1 图

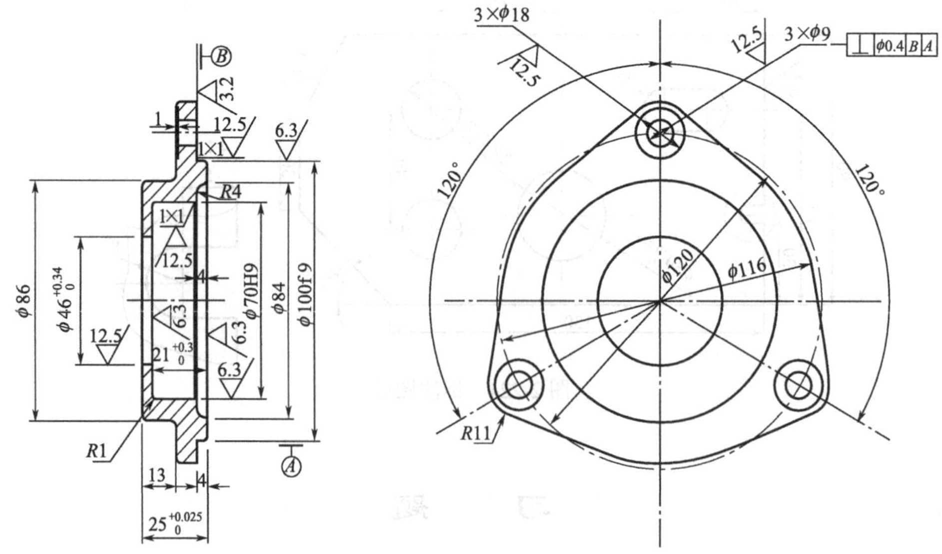

图 2-226　习题 2 图

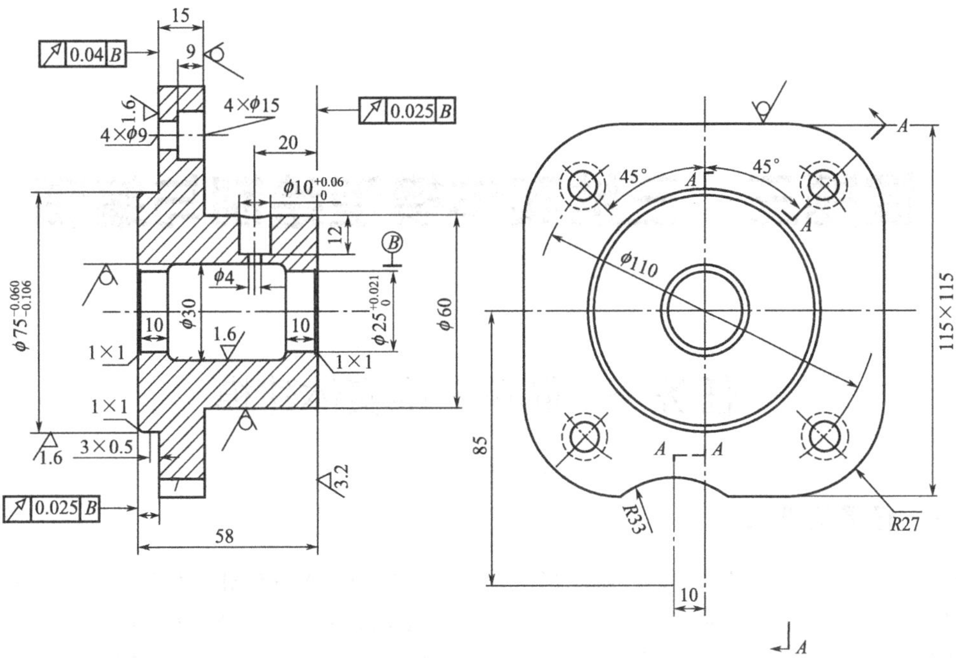
15
9
0.04 B
1.6
4×φ15
4×φ9
0.025 B
20
φ10 +0.06 0
12
B
φ4
φ30
φ25 +0.021 0
φ60
φ75 −0.060 −0.106
10
10
1.6
1×1
1×1
1×1
1.6
3×0.5
3.2
0.025 B
58
A
45°
45°
A
A
φ110
115×115
85
A
A
R33
R27
10
A

图 2-227　习题 3 图

课题三　三维实体模型绘制与编辑

任务一　简单三维实体建模

一、任务与要求

在工程设计和绘图过程中，三维图形应用越来越广泛。AutoCAD 用户可以很方便地绘制圆柱体、球体、长方体等基本实体以及三维网格、旋转网格等曲面模型。同样再结合“修改”菜单中的相关命令，还可以绘制出各种各样的复杂三维图形。通过学习熟练掌握三维建模的基本操作，利用基本体、拉伸、布尔运算完成图 3-1 中的图形。

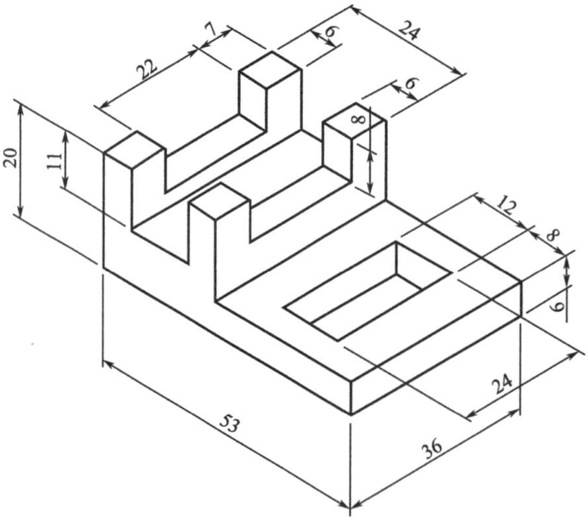

图 3-1　实体建模（一）

二、相关知识点

1. 观察模型

（1）设立视图观测点

视点是指观察图形的方向。例如，绘制三维零件图时，如果使用平面坐标系即 *Z* 轴垂直于屏幕，此时仅能看到物体在 *XY* 平面上的投影。如果调整视点至当前坐标系的左上方，将看到一个三维物体。

菜单：视图(V) ➤ 三维视图(D) ➤ 视点(V)

命令条目：vpoint

（2）视觉样式

视觉样式是一组设置（图 3-2），用来控制视口中边和着色的显示。选定的视觉样式用深色的背景表示，其设置显示在样例图像下方的面板中。可以随时选择视觉样式并更改其设置，所做的更改反映在应用视觉样式的视口中。

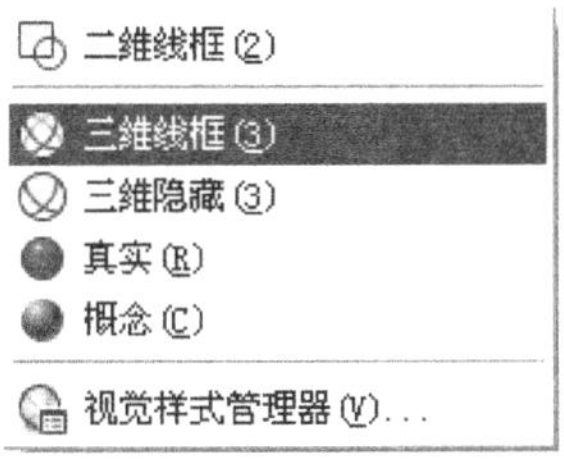

图 3-2　视觉样式选择

菜单：视图(V) ➤ 视觉样式 (S)

命令条目：vscurrent

命令选项功能如表 3-1 所示。

表 3-1　命令选项功能

命　令	选　项	功　能
vscurrent	二维线框	显示用直线和曲线表示边界的对象。光栅和 OLE 对象、线型和线宽均可见
	三维线框	显示用直线和曲线表示边界的对象。显示一个已着色的三维 UCS 图标（图 3-3）
	三维隐藏	显示用三维线框表示的对象并隐藏表示后向面的直线（图 3-4）
	真实	着色多边形平面间的对象，并使对象的边平滑化（图 3-5）
	概念	着色多边形平面间的对象，并使对象的边平滑化（图 3-6）

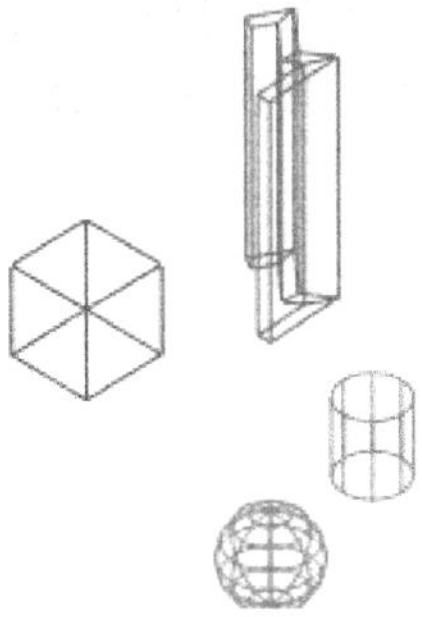

图 3-3　三维线框

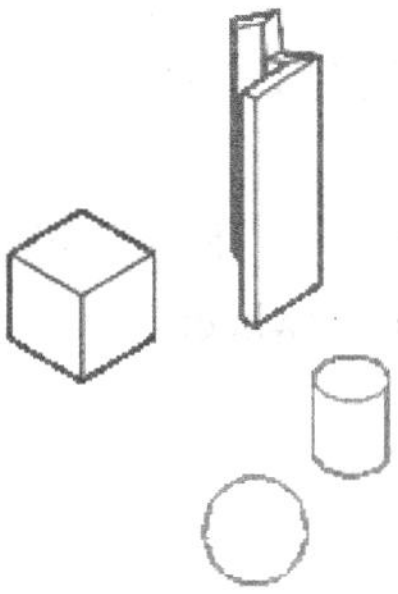

图 3-4　三维隐藏

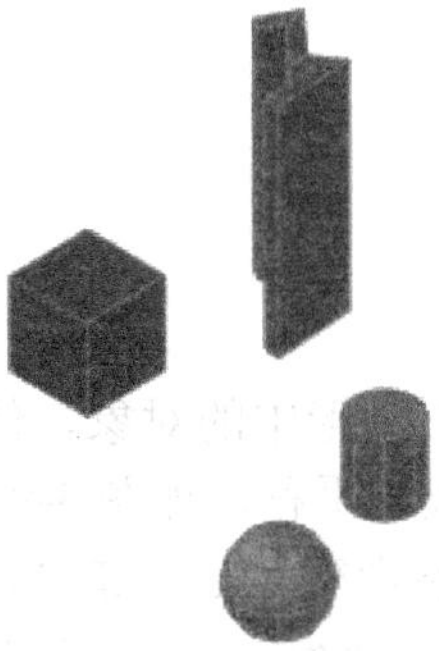

图 3-5　真实

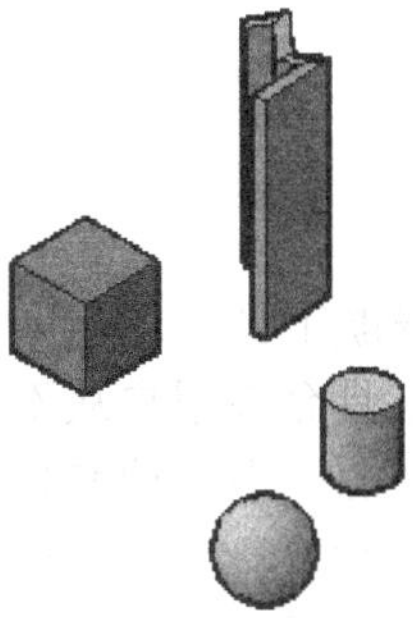

图 3-6　概念

（3）ViewCube 三维导航

ViewCube 是启用三维图形系统时，显示的三维导航工具（图 3-7）。通过 ViewCube，用户可以在标准视图和等轴测视图间切换。ViewCube 显示后，将以不活动状态显示在其中一角（位于模型上方的图形窗口中）。ViewCube 处于不活动状态时，将显示基于当前 UCS 和

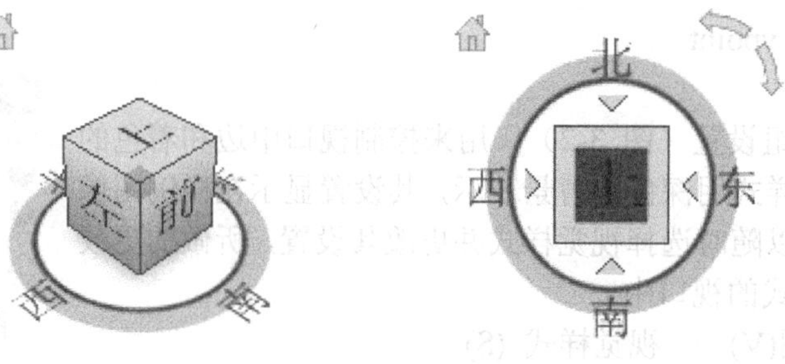

图 3-7　ViewCube

通过模型的 WCS 定义北向的模型的当前视口。将光标悬停在 ViewCube 上方时，ViewCube 将变为活动状态。用户可以切换至可用预设视图之一、滚动当前视图或更改为模型的主视图。

菜单：视图(V) ➤ 显示(L) ➤ ViewCube(V)

命令条目：navvcube

（4）使用控制盘确定视点

SteeringWheels（也称作控制盘）将多个常用导航工具结合到一个单一界面中，从而为用户节省了时间，如图 3-8 所示。SteeringWheels 划分为不同部分（称作按钮）的追踪菜单。控制盘上的每个按钮代表一种导航工具。可以以不同方式平移、缩放或操作模型的当前视图。用户可以通过快捷菜单、工具栏或下拉菜单显示控制盘。显示控制盘后，可以通过单击控制盘上的一个按钮或单击并按住定点设备上的按钮来激活其中一种可用导航工具。按住按钮后，在图形窗口上拖动，可以更改当前视图。松开按钮可返回至控制盘。

菜单：视图(V) ➤ SteeringWheels(S)

命令条目：navswheel

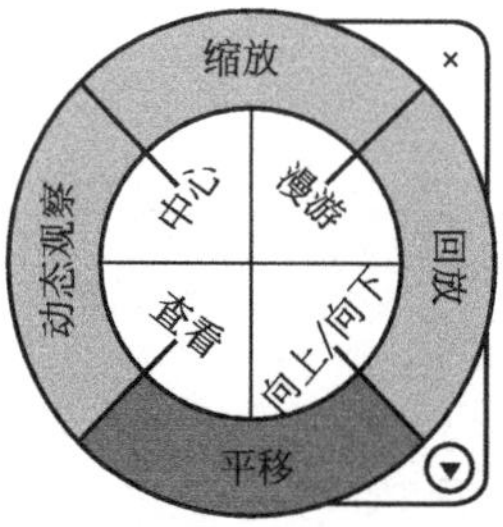

图 3-8　控制盘

（5）三维导航工具

三维导航工具允许用户从不同的角度、高度和距离查看图形中的对象。使用多种动态观察方式在三维视图中进行动态观察、回旋、调整距离、缩放和平移，如图 3-9 所示。

【受约束的动态观察】：沿 *XY* 平面或 *Z* 轴约束三维动态观察 (3DORBIT)。

【自由动态观察】：不参照平面，在任意方向上进行动态观察。沿 *XY* 平面和 *Z* 轴进行动态观察时，视点不受约束 (3DFORBIT)。

【连续动态观察】：连续地进行动态观察。在要使连续动态观察移动的方向上单击并拖动，然后松开鼠标按钮。轨道沿该方向继续移动 (3DCORBIT)。

工具栏：三维导航

菜单：视图(V) ➤ 动态观察(B)

定点设备：按 SHIFT 键并单击鼠标滚轮可临时进入“三维动态观察”模式。

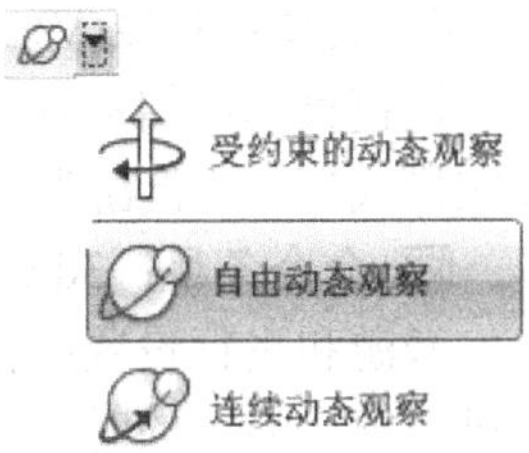

图 3-9　三维导航

（6）使用“三维视图”菜单设置视点

AutoCAD 中可以根据名称或说明选择预定义的标准正交视图和等轴测视图，如选择“俯视”、“仰视”、“左视”、“右视”、“主视”、“后视”、“西南轴测”、“东南等轴测”、“东北等轴测”和“西北等轴测”命令，从多个方向来观察图形，如图 3-10 所示。

菜单：视图(V) ➤ 三维视图(D)

命令条目：view

图 3-10　三维视图

（7）照相机

可以在图形中打开或关闭相机并使用夹点来编辑相机的位置、目标或焦距。可以通过位置 *XYZ* 坐标、目标 *XYZ* 坐标和视野/焦距（用于确定倍率或缩放比例）定义相机。还可以定义剪裁平面，以建立关联视图的前后边界。

工具栏：视图

命令条目：camera

➢ 创建相机：选择“视图”→“创建相机”命令，可以在视图中创建相机，当指定了相机位置和目标位置后，可以指定创建的相机名称、相机位置、高度、目标位置、镜头长度、剪裁方式以及是否切换到相机视图。

➢ 相机预览：在视图中创建了相机后，当选中相机时，将打开“相机预览”窗口。其中，在预览框中显示了使用相机观察到的视图效果。在“视觉样式”下拉列表框中，可以设置预览窗口中图形的三维隐藏、三维线框、概念、真实等视觉样式。

（8）漫游与飞行

在 AutoCAD 2009 中，用户可以在漫游或飞行模式下，通过键盘和鼠标可以控制视图显示，或创建导航动画。穿越漫游模型时，将沿 *XY* 平面行进。飞越模型时，将不受 *XY* 平面的约束，所以看起来像“飞”过模型中的区域。可以使用一套标准的键和鼠标交互在图形中漫游和飞行。使用四个箭头键或 W 键、A 键、S 键和 D 键来向上、向下、向左或向右移动。

工具栏：三维导航

菜单：视图(V) ➤ 漫游和飞行(K) ➤ 漫游(K)

快捷菜单：启动任意三维导航命令，在绘图区域中单击鼠标右键，然后依次单击“其他导航模式” ➤ “漫游”(6)。

命令条目：3dwalk

漫游和飞行设置：在“漫游和飞行设置”对话框（图 3-11）中可以设置显示指令窗口的时机、窗口显示的时间、以及当前图形设置的步长和每秒步数。

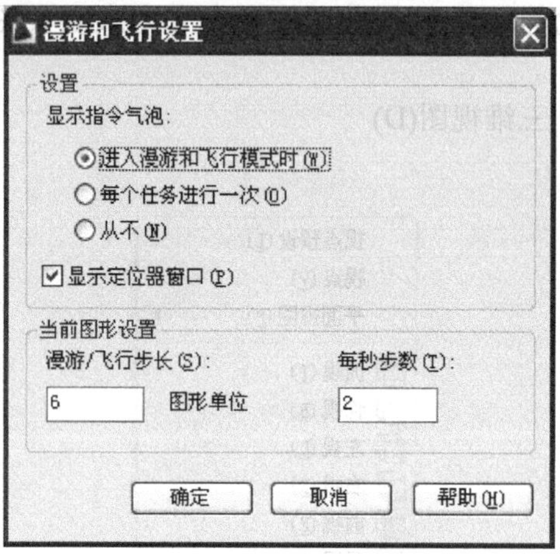

图 3-11　漫游和飞行设置

2. AutoCAD 三维绘制

（1）多实体

① 概念：默认情况下，多实体始终带有一个矩形轮廓（图 3-12）。绘制多实体与绘制多段线的方法相同，可以指定轮廓的高度和宽度使用 POLYSOLID 命令，还可以从现有的直线、二维多段线、圆弧或圆创建多实体。多实体可以包含曲线线段，但是默认情况下轮廓始终为矩形。

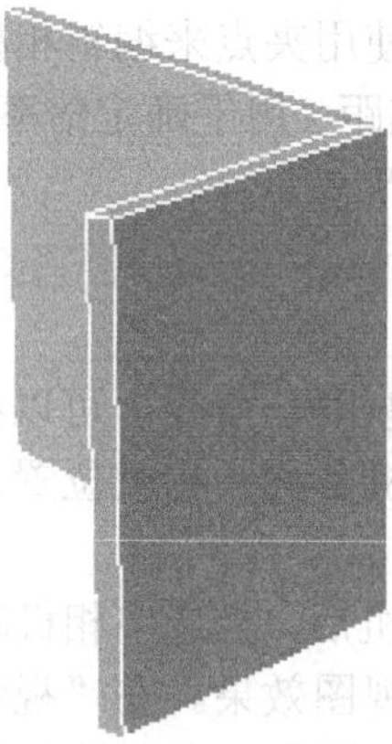

图 3-12　多实体

② 操作：创建三维墙状多段体

工具栏：建模

菜单：绘图(D) ➤ 建模(M) ➤ 多段体(P)

命令条目：polysolid

命令选项功能如表 3-2 所示。

表 3-2　命令选项功能

命　令	选　项	功　能
多段体	对象	指定要转换为实体的对象。可以从现有的直线、二维多段线、圆弧或圆创建多实体
	高度	指定实体的高度
	宽度	指定实体的宽度
	对正	使用命令定义轮廓时，可以将实体的宽度和高度设置为左对正、右对正或居中
	下一点	指定下一点
	圆弧	将弧线段添加到实体中。圆弧的默认起始方向与上次绘制的线段相切
	放弃	删除最后添加到实体的弧线段

（2）方体

① 概念：创建实体方体，始终将方体的底面绘制为与当前 UCS 的 *XY* 平面（工作平面）平行（图 3-13）。

② 操作：创建三维实体长方体

工具栏：建模

菜单：绘图(D) ➤ 建模(M) ➤ 长方体(B)

命令条目：box

命令选项功能如表 3-3 所示。

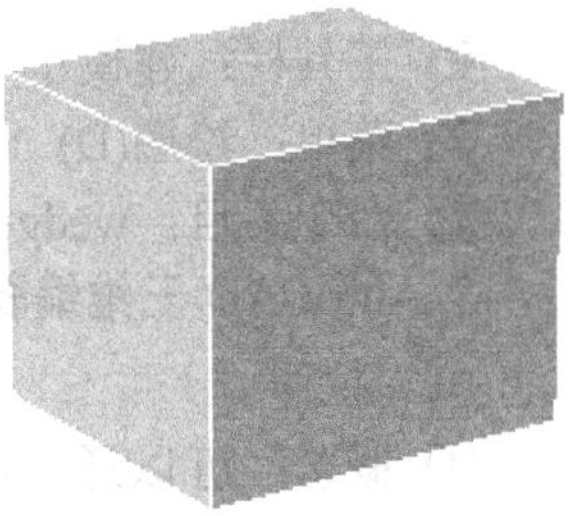

图 3-13　方体

（3）楔体

① 概念：在 AutoCAD 2009 中，虽然创建“长方体”和“楔体”的命令不同，但创建方法却相同，因为楔体是长方体沿对角线切成两半后的结果，如图 3-14 所示。

表 3-3　命令选项功能

命　令	选　项	功　能	简　图
方体	中心	使用指定的圆心创建长方体	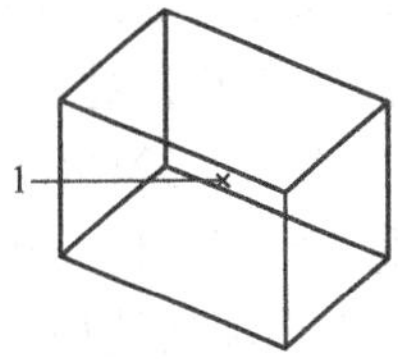
	立方体	创建一个长、宽、高相同的长方体	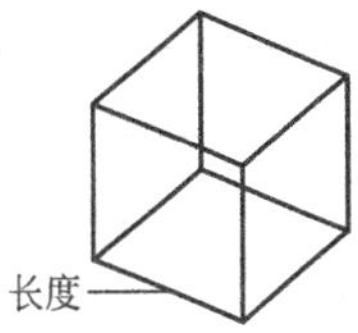
	长度	按照指定长宽高创建长方体	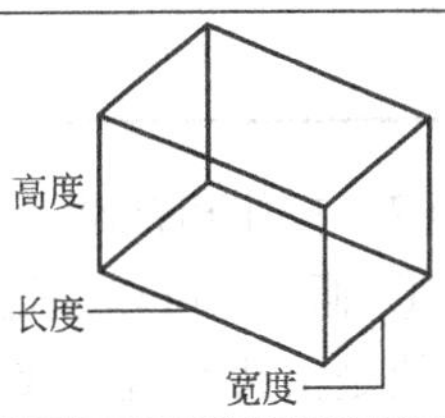
	两点	指定长方体的高度为两个指定点之间的距离	

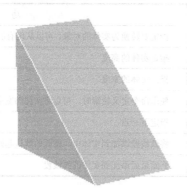

图 3-14　楔体

② 操作：创建三维实体楔体

工具栏：建模

菜单：绘图(D) ➤ 建模(M) ➤ 楔体(W)

命令条目：wedge

3. AutoCAD 三维编辑命令

（1）拉伸

① 概念：可以通过拉伸选定的对象创建实体和曲面。如果拉伸闭合对象，将生成三维实体。如果拉伸开放对象，将生成曲面。可以拉伸的对象和子对象有直线、圆弧、椭圆弧、二维多段线、二维样条曲线、圆、椭圆、三维面、二维实体、宽线、面域、平面曲面、实体上的平面。沿选定路径拉伸选定对象的轮廓以创建实体或曲面，拉伸与扫掠不同，当沿路径拉伸轮廓时，如果路径未与轮廓相交，则将被移到轮廓上，然后沿路径扫掠该轮廓。拉伸实体始于轮廓所在的平面，止于在路径端点处与路径垂直的平面。

② 操作：通过拉伸二维对象创建三维实体或曲面

工具栏：建模

菜单：绘图(D) ➤ 建模(M) ➤ 拉伸(X)

命令条目：extrude

命令选项功能如表 3-4 所示。

表 3-4　命令选项功能

命　令	选　项	功　能
拉伸	拉伸高度	指定对象拉伸的高度。默认情况下，将沿对象的法线方向拉伸平面对象
	方向	通过指定的两点指定拉伸的长度和方向
	路径	选择基于指定曲线对象的拉伸路径
	倾斜角	用于指定拉伸对象的倾斜角度

（2）按住和拖动

① 概念：可以通过按住 CTRL + ALT 组合键，然后拾取区域来按住或拖动有限区域。区域必须是由共面直线或边围成的区域。随着用户移动光标，用户要按住或拖动的区域将动态更改并创建一个新的三维实体，如图 3-15 所示。

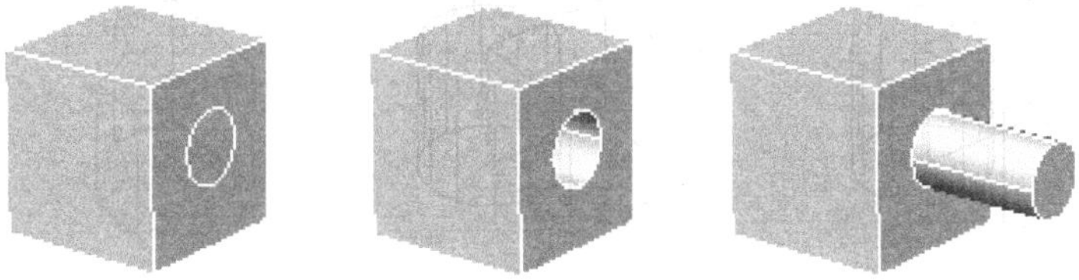

图 3-15　按住和拖动

② 操作：按住或拖动有限区域

工具栏：建模

命令条目：presspull

（3）并集

① 概念：可以将两个或多个三维实体或二维面域合并为一个组合实体（图 3-16）或面域（图 3-17）

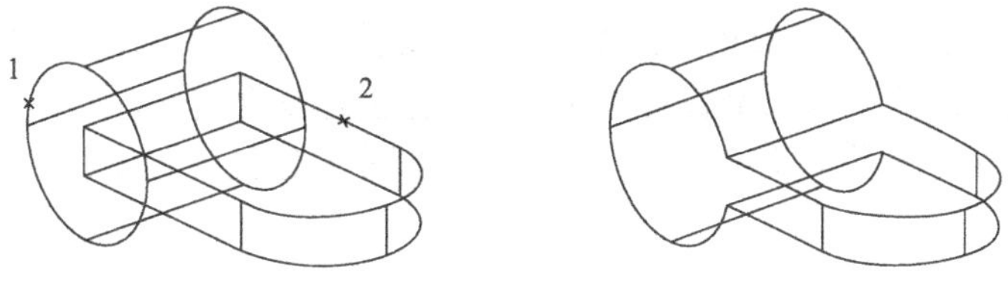

图 3-16　实体并集

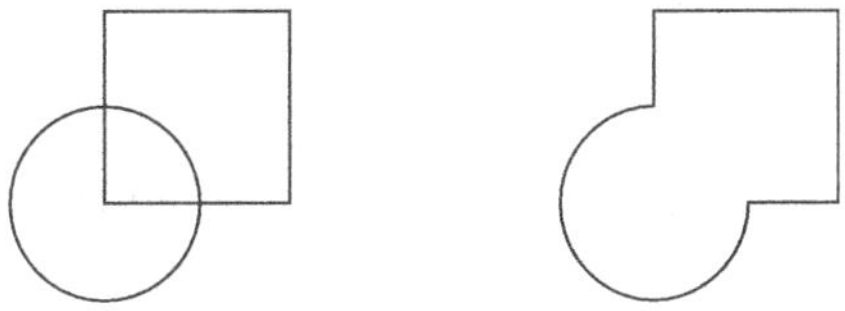

图 3-17　面域并集

② 操作：通过加法操作来合并选定的三维实体或二维面域

工具栏：建模

菜单：修改(M) ➤ 实体编辑(N) ➤ 并集(U)

命令条目：union

（4）差集

① 概念：使用 SUBTRACT 命令，可以从一组实体中删除与另一组实体的公共区域，如图 3-18、图 3-19 所示。例如，可以使用 SUBTRACT 命令从对象中减去圆柱体，从而在机械零件中添加孔。

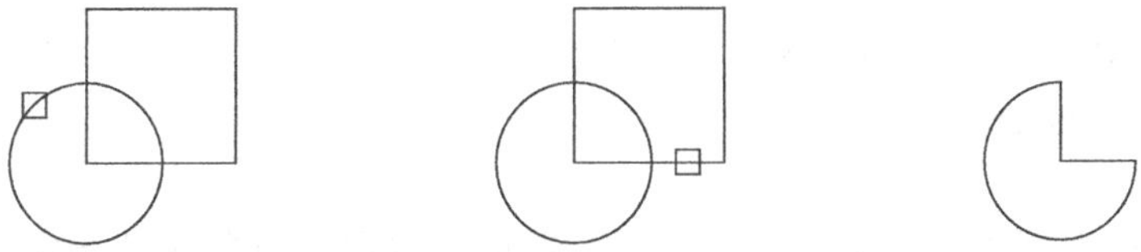

图 3-18　面域差集

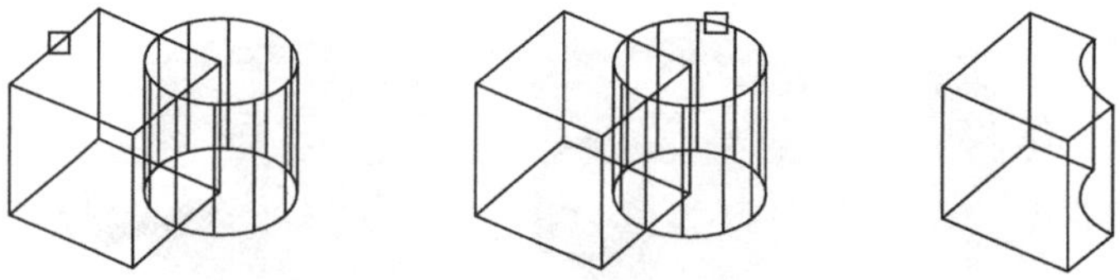

图 3-19　实体差集

② 操作：通过减法操作来合并选定的三维实体或二维面域

工具栏：建模

菜单：修改(M) ➤ 实体编辑(N) ➤ 差集(S)

命令条目：subtract

（5）交集

① 概念：INTERSECT 计算两个或多个现有面域的重叠面积和两个或多个现有实体的公共体积。可以从两个或两个以上重叠实体的公共部分创建复合实体，如图 3-20、图 3-21 所示。INTERSECT 命令用于删除非重叠部分，并从公共部分创建复合实体。

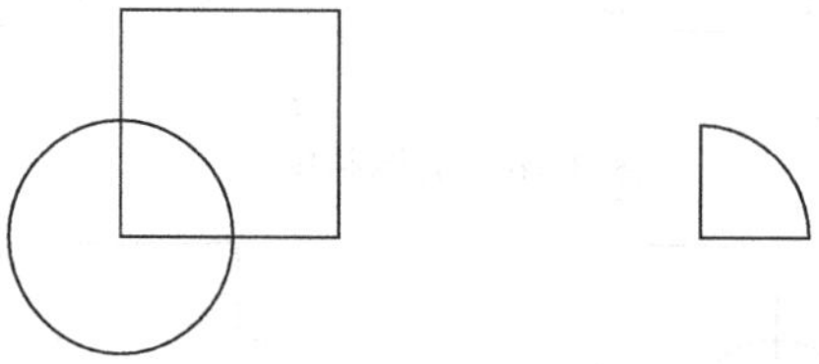

图 3-20　面域交集

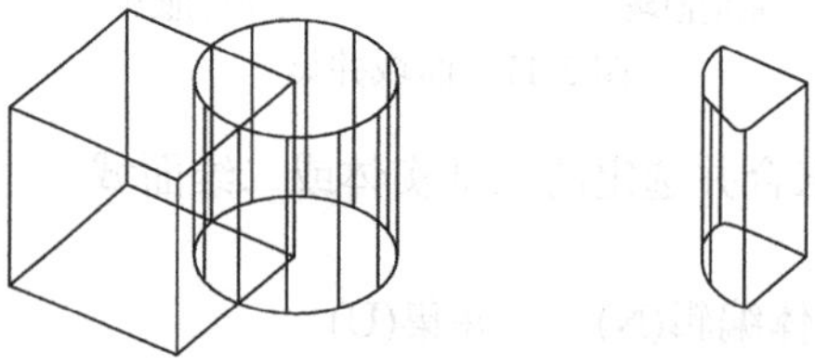

图 3-21　实体交集

② 操作：重叠部分或区域创建三维实体或二维面域

工具栏：建模

菜单：修改(M) ➤ 实体编辑(N) ➤ 交集(I)

命令条目：intersect

（6）三维移动

① 概念：在三维视图中显示移动夹点工具，沿指定方向将对象移动指定距离，如果正在视觉样式设置为二维线框的视口中绘图，则在命令执行期间，3DMOVE 会将视觉样式暂时更改为三维线框。

② 操作：移动三维对象

工具栏：建模

菜单：修改(M) ➤ 三维操作(3) ➤ 三维移动(M)

命令条目：3dmove

（7）三维对齐

① 概念：通过移动、旋转或倾斜对象使三维空间中的源和目标的基点、*X* 轴和 *Y* 轴对齐，使该对象与另一个对象对齐。

② 操作：在二维和三维空间中将对象与其他对象对齐

工具栏：建模

菜单：修改(M) ➤ 三维操作(3) ➤ 三维对齐(A)

命令条目：3dalign

（8）三维阵列

① 概念：使用 3DARRAY 命令，可以在三维空间中创建对象的矩形阵列或环形阵列。除了指定列数（*X* 方向）和行数（*Y* 方向）以外，还要指定层数（*Z* 方向），如图 3-22 所示。

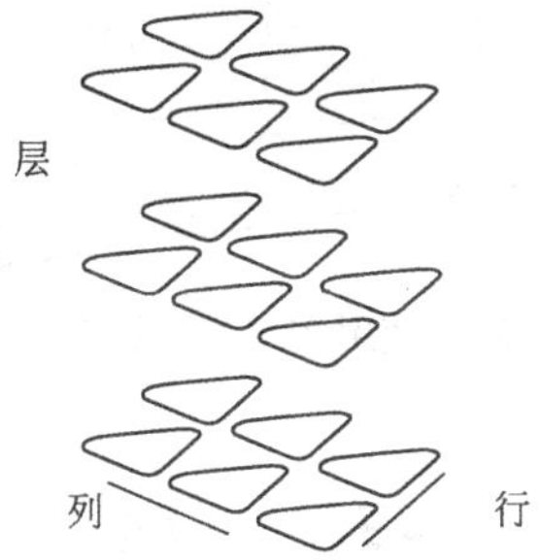

图 3-22　三维阵列

② 操作：创建三维阵列

菜单：修改(M) ➤ 三维操作(3) ➤ 三维阵列(3)

命令条目：3darray

三、三维实体绘制

① 绘制实体正面二维图形（图 3-23）。

② 拉伸二维图形成实体（图 3-24）。

③ 移动坐标系，绘制辅助矩形（图 3-25）。

④ 拉伸辅助矩形，其中 24×22 矩形拉伸高度为−8，12×24 的矩形拉伸高度大于−6（图 3-26）。

⑤ 使用布尔运算中的差集进行修剪（图 3-27）。

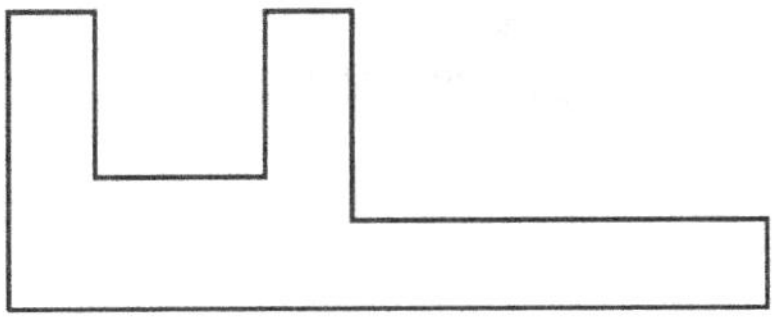

图 3-23　创建二维多段线

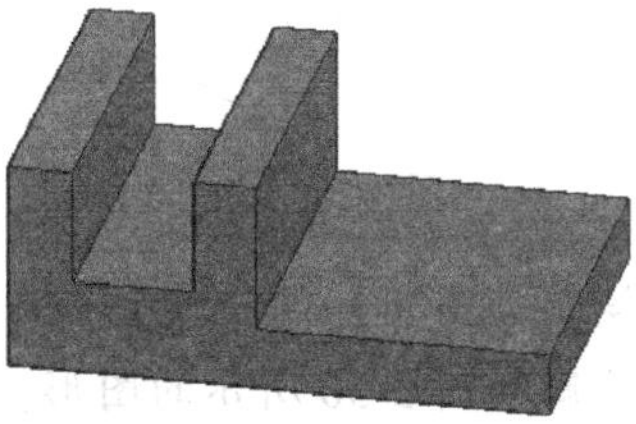

图 3-24　使用拉伸创建实体

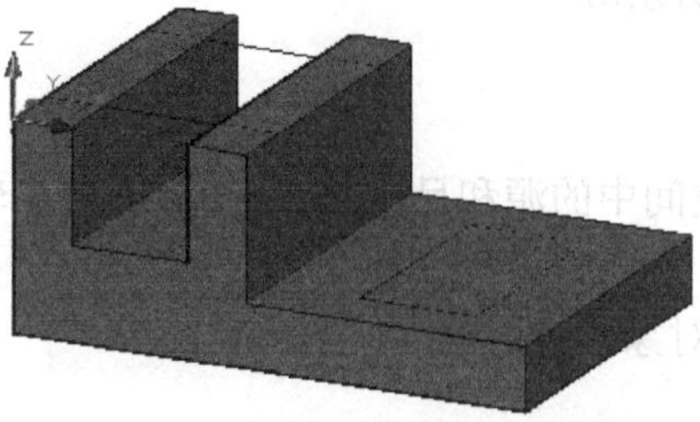

图 3-25　移动坐标系，绘制辅助矩形

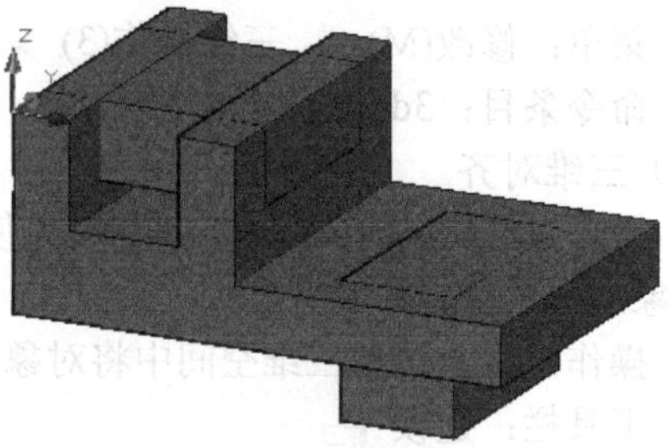

图 3-26　使用拉伸创建长方体

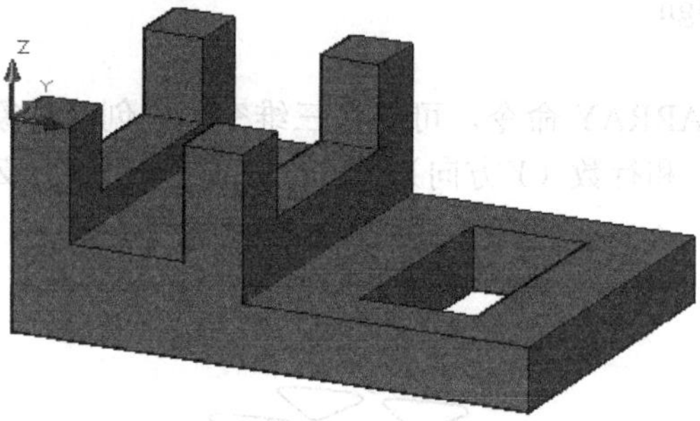

图 3-27　使用布尔差运算裁剪实体

习　题

1. 绘制如图 3-28 所示的图形。

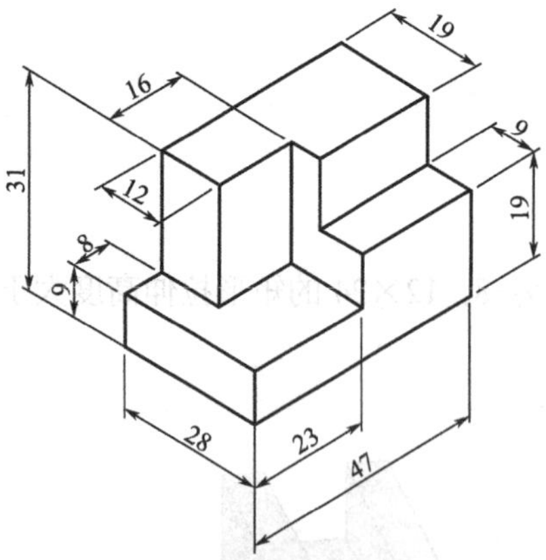

图 3-28　习题 1 图

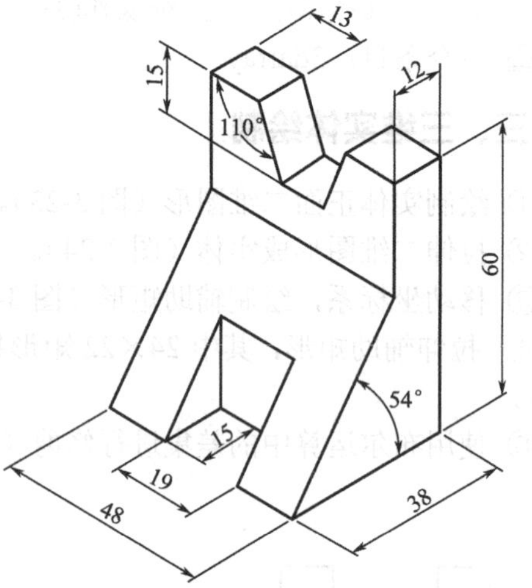

图 3-29　习题 2 图

2. 绘制如图 3-29 所示的图形。
3. 绘制如图 3-30 所示的图形。
4. 绘制如图 3-31 所示的图形。

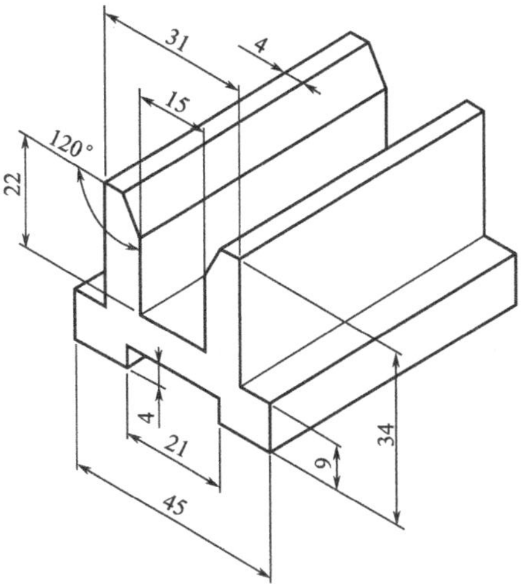

图 3-30　习题 3 图

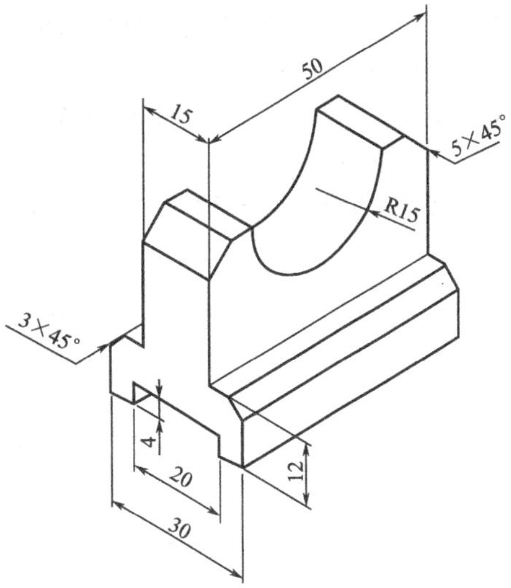

图 3-31　习题 4 图

任务二　茶杯的实体建模

一、任务与要求

在工程设计和绘图过程中，圆柱、圆球形状的三维图形应用非常广泛。AutoCAD 用户可以很方便地绘制圆柱体、球体等基本实体以及旋转网格等曲面模型。通过学习熟练掌握三维建模的基本操作，利用基本体、旋转、扫掠、抽壳绘制图 3-32 中的茶杯实体。

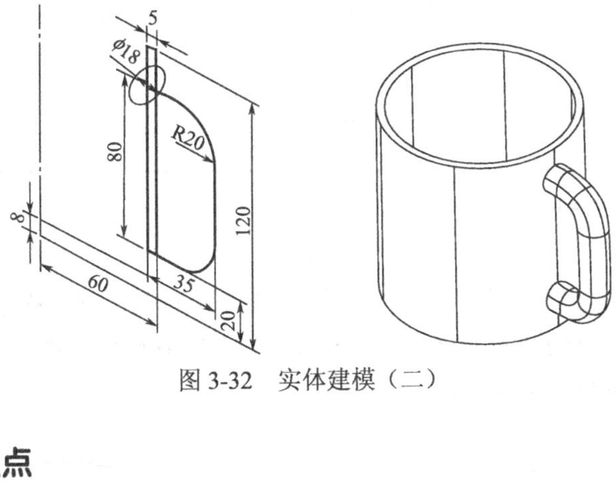

图 3-32　实体建模（二）

二、相关知识点

1. UCS（用户坐标系）

在 AutoCAD 中，创建实体的过程中若需要建立二维图形经过拉伸、旋转、扫掠操作，需要经常变换坐标系，在使用“标注”菜单中的命令或“标注”工具栏中的标注工具，不仅可以标注二维对象的尺寸，还可以标注三维对象的尺寸，由于所有的尺寸标注都只能在当前坐标的 *XY* 平面中进行，因此为了准确标注三维对象中各部分的尺寸，也需要不断地变换坐标系。

AutoCAD 中提供了多种工具进行坐标系的变换，如图 3-33 所示。

工具栏：UCS

菜单：工具(T) ➤ 新建 UCS(W)

命令条目：UCS

命令选项功能如表 3-5 所示。

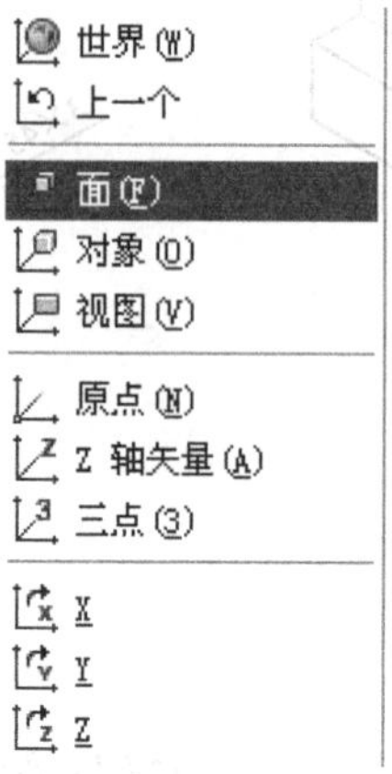

图 3-33　UCS

表 3-5　命令选项功能

命　令	选　项	功　能
UCS	指定 UCS 的原点	使用一点、两点或三点定义一个新的 UCS。如果指定单个点，当前 UCS 的原点将会移动而不会更改 *X*、*Y* 和 *Z* 轴的方向
	面	将 UCS 与三维实体的选定面对齐
	名称	按名称保存并恢复通常使用的 UCS 方向
	对象	根据选定三维对象定义新的坐标系
	视图	以垂直于观察方向（平行于屏幕）的平面为 *XY* 平面，建立新的坐标系。UCS 原点保持不变
	世界	将当前用户坐标系设置为世界坐标系
	X、*Y*、*Z*	绕指定轴旋转当前 UCS
	Z 轴	用指定的 *Z* 轴正半轴定义 UCS

2. AutoCAD 三维绘制

（1）圆锥体

① 概念：创建一个三维实体，该实体以圆或椭圆为底面，以对称方式形成锥体表面，最后交于一点，或交于圆或椭圆的平整面（图 3-34）。默认情况下，圆锥体的底面位于当前 UCS 的 *XY* 平面上。圆锥体的高度与 *Z* 轴平行。

图 3-34　圆锥体

② 操作：创建三维实心圆锥体

工具栏：建模

菜单：绘图(D) ➤ 建模(M) ➤ 圆锥体(O)

命令条目：cone

命令选项功能如表 3-6 所示。

表 3-6 命令选项功能

命 令	选 项	功 能
圆锥体	三点（3P）	通过指定三个点来定义圆锥体的底面周长和底面
	两点（2P）	通过指定两个点来定义圆锥体的底面直径
	TTR（相切、相切、半径）	定义具有指定半径，且与两个对象相切的圆锥体底面
	椭圆	指定圆锥体的椭圆底面

（2）球体

① 概念：创建实体球体，指定圆心后，放置球体使其中心轴平行于当前用户坐标系（UCS）的 *Z* 轴（图 3-35）。

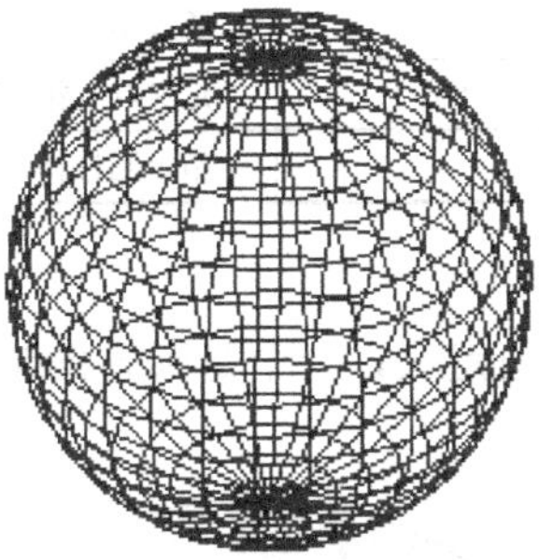

图 3-35 球体

② 操作：创建三维实心球体

工具栏：建模

菜单：绘图(D) ➤ 建模(M) ➤ 球体(S)

命令条目：sphere

命令选项功能如表 3-7 所示。

表 3-7 命令选项功能

命 令	选 项	功 能
球体	圆心	指定球体的圆心
	三点（3P）	通过在三维空间的任意位置指定三个点来定义球体的圆周
	两点（2P）	通过在三维空间的任意位置指定两个点来定义球体的圆周
	TTR（相切、相切、半径）	通过指定半径定义可与两个对象相切的球体

（3）圆柱体

① 概念：创建以圆或椭圆为底面的实体圆柱体（图 3-36）。

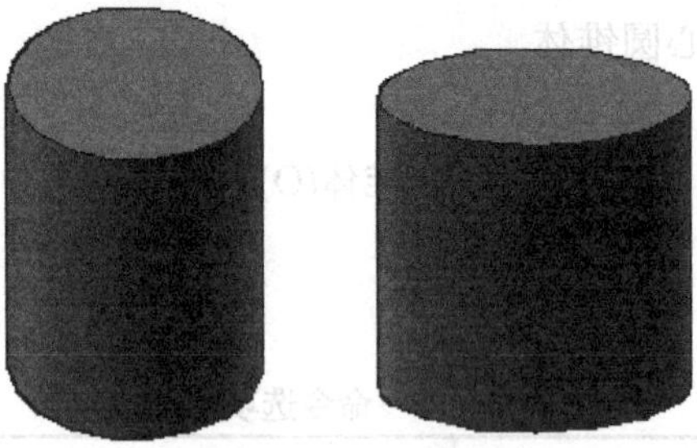

图 3-36　圆柱体

② 操作：创建三维实心圆柱体

工具栏：建模

菜单：绘图(D) ➤ 建模(M) ➤ 圆柱体(C)

命令条目：cylinder

命令选项功能如表 3-8 所示。

表 3-8　命令选项功能

命　令	选　项	功　能
圆柱体	三点（3P）	通过指定三个点来定义圆柱体的底面周长和底面
	两点（2P）	通过指定两个点来定义圆柱体的底面直径
	TTR（相切、相切、半径）	定义具有指定半径，且与两个对象相切的圆柱体底面
	椭圆	指定圆柱体的椭圆底面

（4）圆环体

① 概念：圆环体由两个半径值定义，一个是圆管的半径，另一个是从圆环体中心到圆管中心的距离（图 3-37）。

图 3-37　圆环体

② 操作：创建圆环状的三维实体

工具栏：建模

菜单：绘图(D) ➤ 建模(M) ➤ 圆环体(T)

命令条目：torus

命令选项功能如表 3-9 所示。

表 3-9　命令选项功能

命　令	选　项	功　能
圆环体	三点（3P）	用指定的三个点定义圆环体的圆周
	两点（2P）	用指定的两个点定义圆环体的圆周
	TTR（相切、相切、半径）	使用指定半径定义可与两个对象相切的圆环体

（5）棱锥体

① 概念：棱锥体底面是一个平面，各侧面倾斜于底面，可以创建锥顶为一点的棱锥体，也可以创建顶面为平面的棱台体（图 3-38）。

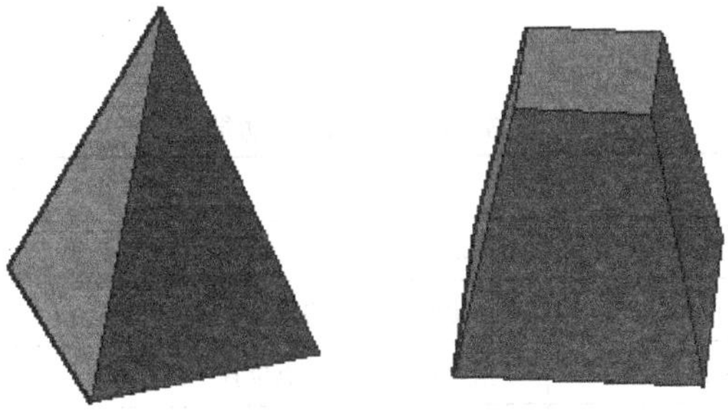

图 3-38　棱锥体

② 操作：创建三维实体棱锥体

工具栏：建模

菜单：绘图(D) ➤ 建模(M) ➤ 棱锥体(Y)

命令条目：pyramid

命令选项功能如表 3-10 所示。

表 3-10　命令选项功能

命　令	选　项	功　能
棱锥体	边	指定棱锥体底面一条边的长度，拾取两点
	侧面	指定棱锥体的侧面数。可以输入 3 到 32 之间的数
	内接	指定棱锥体底面内接于（在内部绘制）棱锥体的底面半径
	外切	指定棱锥体外切于（在外部绘制）棱锥体的底面半径
	两点	将棱锥体的高度指定为两个指定点之间的距离
	轴端点	指定棱锥体轴的端点位置
	顶面半径	指定棱锥体的顶面半径，并创建棱锥体平截面

（6）螺旋

① 概念：螺旋就是开口的二维或三维螺旋（图 3-39）。使用 SWEEP 命令可以将螺旋用作路径。例如，可以沿着螺旋路径来扫掠圆，以创建弹簧实体模型。创建螺旋时，可以指定以下特性：底面半径、顶面半径、高度、圈数、圈高、扭曲方向。如果指定一个值来同时作为底面半径和顶面半径，将创建圆柱形螺旋。

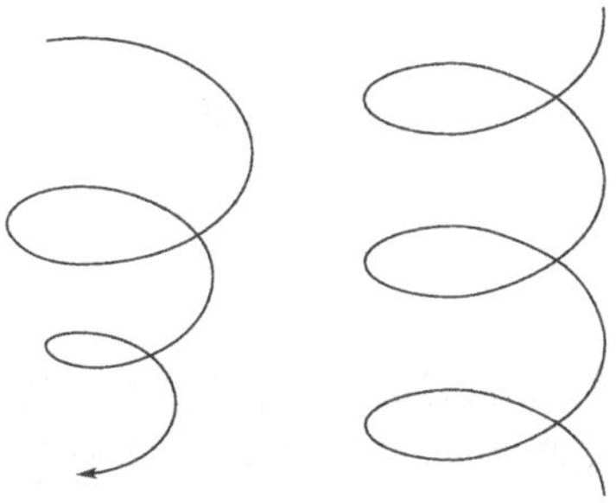

图 3-39　螺旋线

② 操作：创建二维螺旋或三维弹簧

工具栏：建模

菜单：绘图(D) ➤ 螺旋(I)

命令条目：helix

命令选项功能如表 3-11 所示。

表 3-11 命令选项功能

命令	选项	功能
螺旋	直径（底面）	指定螺旋底面的直径
	直径（顶面）	指定螺旋顶面的直径
	轴端点	指定螺旋轴的端点位置
	圈	指定螺旋的圈（旋转）数。螺旋的圈数不能超过 500
	圈高	指定螺旋内一个完整圈的高度
	扭曲	指定以顺时针 (CW) 方向还是逆时针方向 (CCW) 绘制螺旋

（7）曲面

① 概念：通过从图形中现有的对象创建曲面，也可以通过选择关闭的对象或指定矩形表面的对角点创建平面曲面。通过命令指定曲面的角点时，将创建平行于工作平面的曲面（图 3-40）。与 REGION 命令类似，有效对象包括：直线、圆、圆弧、椭圆、椭圆弧、二维多段线、平面三维多段线和平面样条曲线。

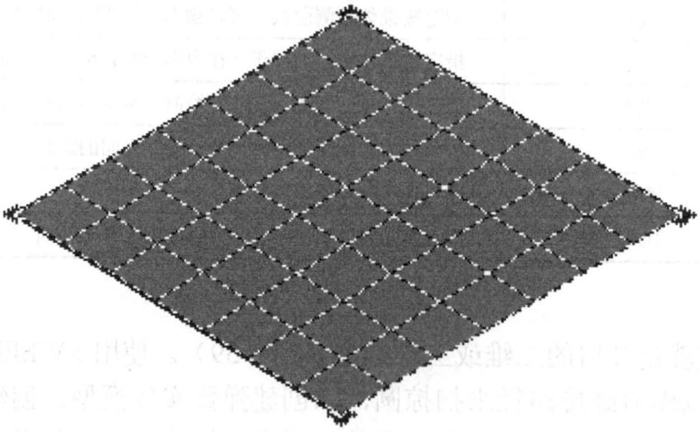

图 3-40 曲面

② 操作：创建平面曲面

工具栏：建模

菜单：绘图(D) ➤ 建模(M) ➤ 平面曲面(F)

命令条目：planesurf

3. AutoCAD 三维编辑

（1）扫掠

① 概念：使用 SWEEP 命令，可以通过沿开放或闭合的二维或三维路径扫掠开放或闭合的平面曲线（轮廓）创建新实体或曲面。可以扫掠多个对象，但是这些对象必须位于同一平面中。如果沿一条路径扫掠闭合的曲线，则生成实体（图 3-41）。

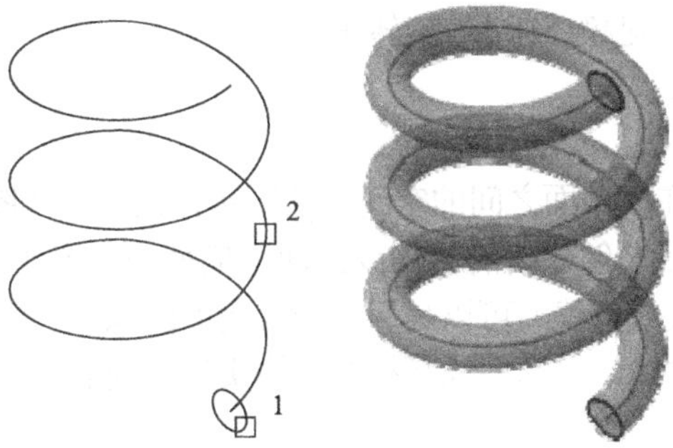

图 3-41　扫掠体

② 操作：通过沿路径扫掠二维对象来创建三维实体或曲面

工具栏：建模

菜单：绘图(D) ➤ 建模(M) ➤ 扫掠(P)

命令条目：sweep

命令选项功能如表 3-12 所示。

表 3-12　命令选项功能

命　令	选　项	功　能
扫掠	对齐	指定是否对齐轮廓以使其作为扫掠路径切向的法向
	基点	指定要扫掠对象的基点
	比例	指定比例因子以进行扫掠操作
	扭曲	设置正被扫掠的对象的扭曲角度。扭曲角度指沿扫掠路径全部长度的旋转量

（2）旋转

① 概念：通过绕轴旋转开放或闭合的平面曲线来创建新的实体或曲面，可以旋转闭合对象创建三维实体，也可以旋转开放对象创建曲面，还可以将对象旋转 360° 或其他指定角度，如图 3-42 所示。

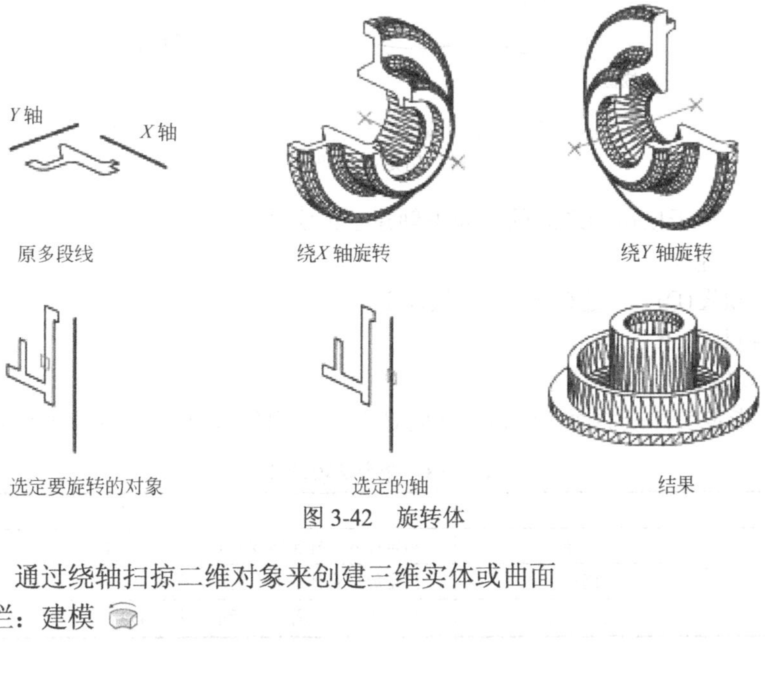

图 3-42　旋转体

② 操作：通过绕轴扫掠二维对象来创建三维实体或曲面

工具栏：建模

菜单：绘图(D) ➤ 建模(M) ➤ 旋转(R)

命令条目：revolve

（3）放样

① 概念：LOFT 用于在横截面之间的空间内绘制实体或曲面（图 3-43）。使用 LOFT 命令，可以通过指定一系列横截面来创建新的实体或曲面。横截面定义了结果实体或曲面的轮廓（形状）。横截面（通常为曲线或直线）可以是开放的（例如圆弧），也可以是闭合的（例如圆）。也可以在放样时指定导向曲线，导向曲线是控制放样实体或曲面形状的另一种方式（图 3-44）。

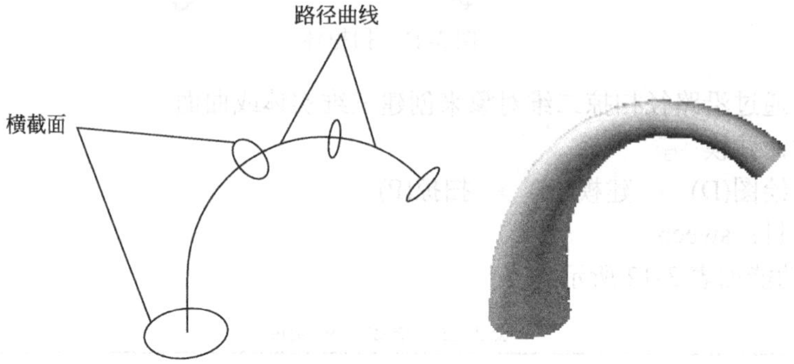

带有路径曲线的横截面　　放样实体

图 3-43　放样实体

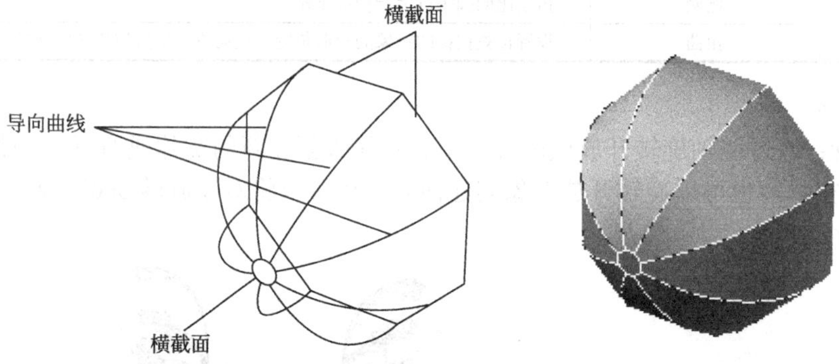

带有导向曲线的横截面　　放样实体

图 3-44　指定导向曲线放样

② 操作：在若干横截面之间的空间中创建三维实体或曲面

工具栏：建模

菜单：绘图(D) ➤ 建模(M) ➤ 放样(L)

命令条目：loft

命令选项功能如表 3-13 所示。

【直纹】：指定实体或曲面在横截面之间是直纹（直的），并且在横截面处具有鲜明边界。

表 3-13　命令选项功能

命　令	选　项	功　能
放样	引导	指定控制放样实体或曲面形状的导向曲线
	路径	指定放样实体或曲面的单一路径
	仅横截面	显示“放样设置”对话框（图 3-45）

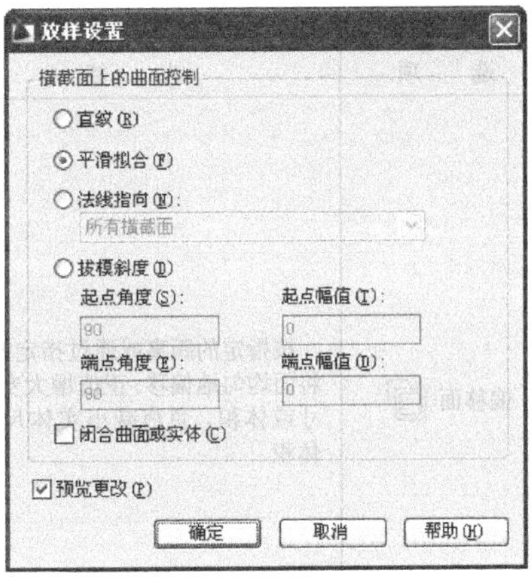

图 3-45　放样设置

【平滑拟合】：指定在横截面之间绘制平滑实体或曲面，并且在起点和终点横截面处具有鲜明边界。

【法线指向】：控制实体或曲面在其通过横截面处的曲面法线。

【拔模斜度】：控制放样实体或曲面的第一个和最后一个横截面的拔模斜度和幅值。

【闭合曲面或实体】：闭合和开放曲面或实体。

【预览更改】：将当前设置应用到放样实体或曲面，然后在绘图区域中显示预览。

（4）实体编辑

① 概念：使用 SOLIDEDIT 命令从三维实体上自动删除多余的面、边和顶点，并进行检查以确保该三维实体有效。如果边的两侧或顶点共享相同的曲面或顶点定义，则可以删除这些边或顶点。将检查实体对象上的体、面或边，并且合并共享同一曲面的相邻面。三维实体对象上所有多余的、压印的以及未使用的边都将被删除。

② 操作：编辑三维实体对象的面和边

菜单：“修改” ➤ “实体编辑”

命令条目：solidedit

◆ 面

编辑三维实体面，可用操作包括：拉伸、移动、旋转、偏移、倾斜、删除、复制或更改选定面的颜色。

选项功能如表 3-14 所示。

表 3-14　选项功能

选　项	功　能	简　图
拉伸	将选定的三维实体对象的平整面拉伸到指定的高度或沿一路径拉伸	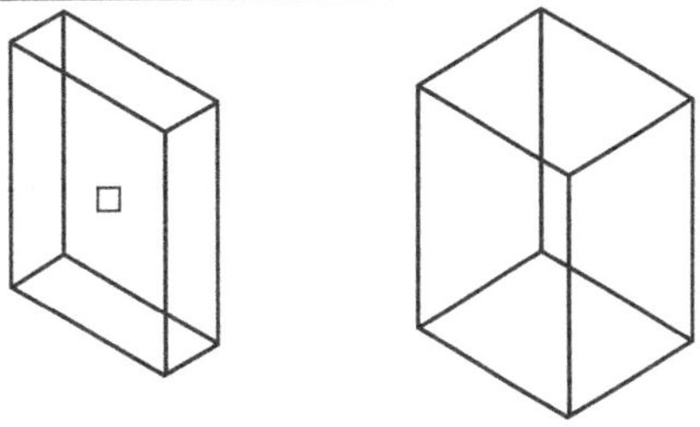 选定面　拉伸了面
移 动面	沿指定的高度或距离移动选定的三维实体对象的面	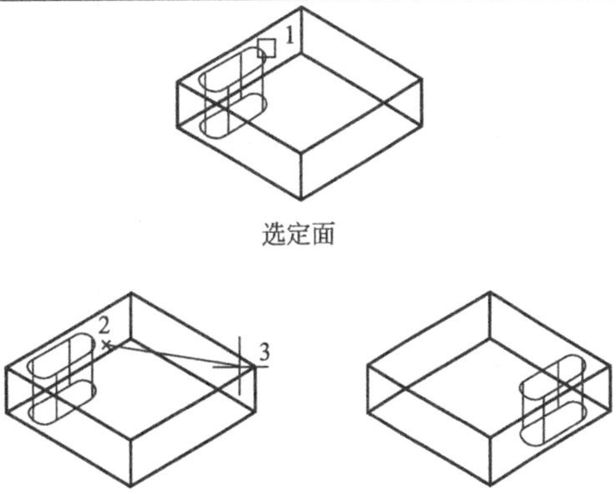 选定面　基点和选定的第二点　移动了面

续表

选　项	功　能	简　图
偏移面	按指定的距离或通过指定的点，将面均匀地偏移。正值增大实体尺寸或体积，负值减小实体尺寸或体积	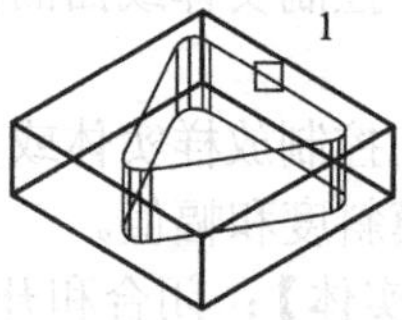 选定面 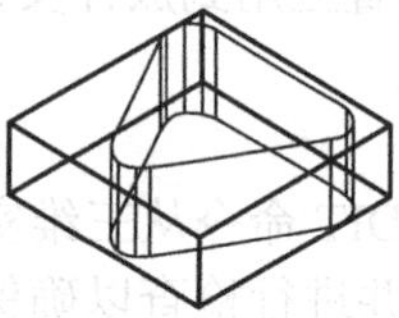 面偏移=1 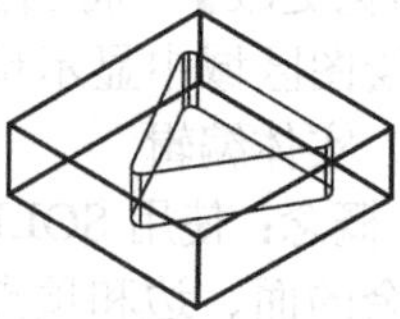 面偏移=-1
旋转面	绕指定的轴旋转一个或多个面或实体的某些部分	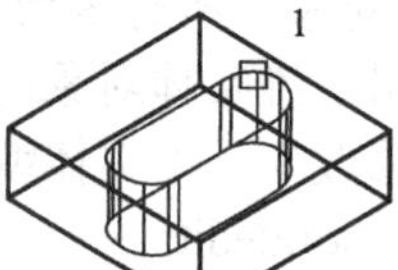 选定面 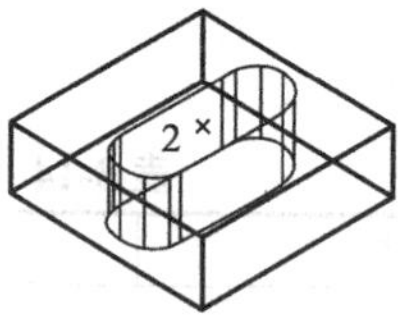 选定的旋转点 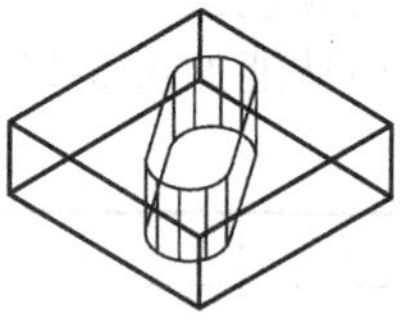 与Z轴成35°角旋转的面
倾斜面	按一个角度将面进行倾斜	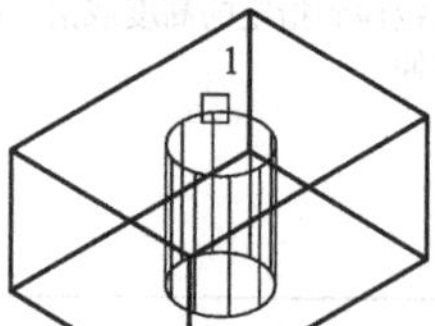 选定面 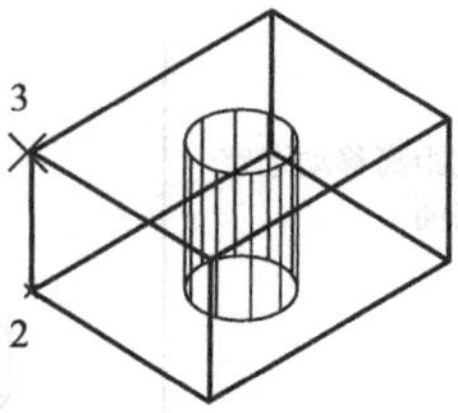 基点和选定的第二点 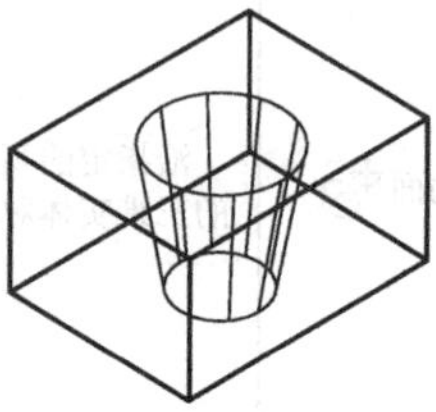 倾斜10°的面

续表

选　项	功　能	简　图
删除面	删除面，包括圆角和倒角	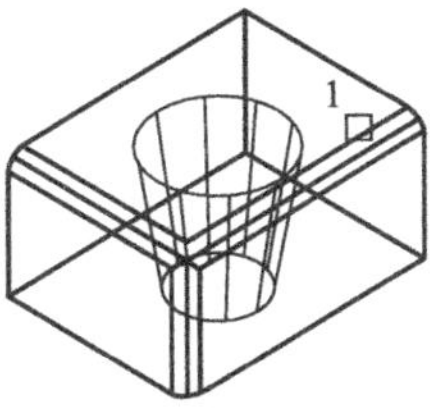 选定的面 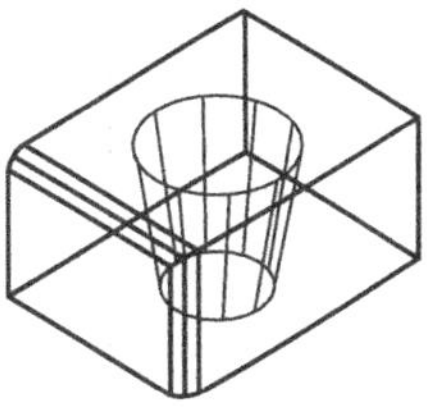 删除了面
复制面	将面复制为面域或体	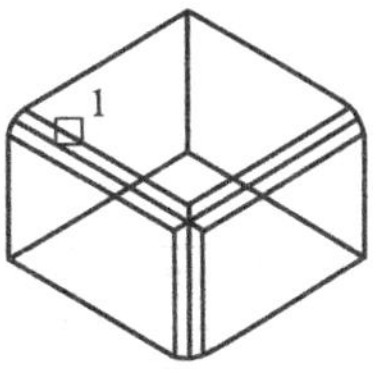 选定面 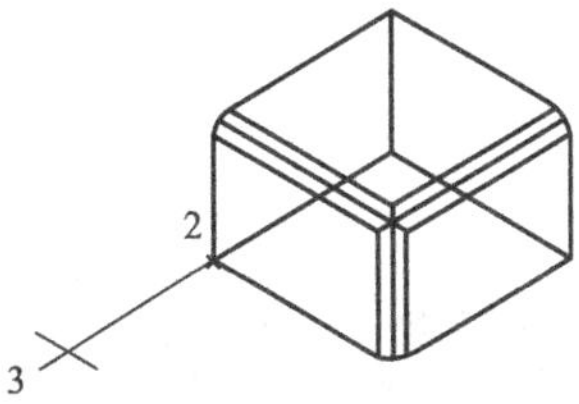 基点和选定的第二点 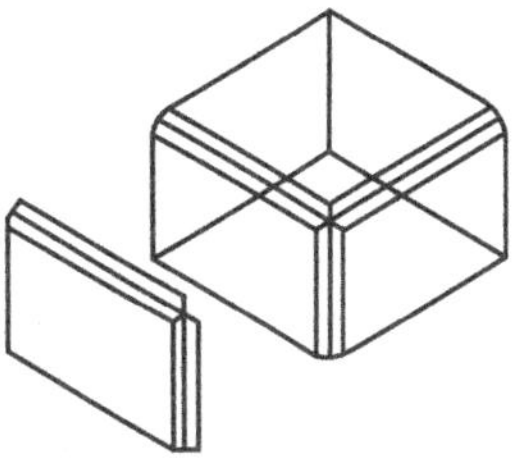 复制了面
面着色	修改面的颜色	

◆ 边

通过修改边的颜色或复制独立的边来编辑三维实体对象。

命令选项功能如表 3-15 所示。

表 3-15　命令选项功能

选　项	功　能
复制	复制三维边。所有三维实体边被复制为直线、圆弧、圆、椭圆或样条曲线
颜色	更改边的颜色

◆ 体

编辑整个实体对象，方法是在实体上压印其他几何图形，将实体分割为独立实体对象，以及抽壳、清除或检查选定的实体。

命令选项功能如表 3-16 所示。

表 3-16 命令选项功能

选　项	功　能	简　图
压印	在选定的对象上压印一个对象	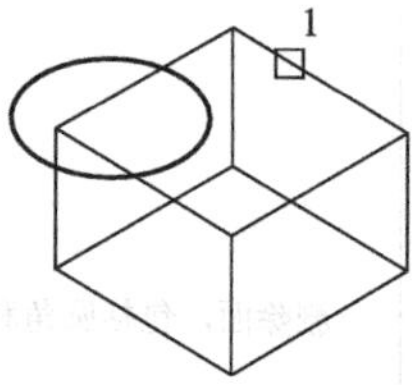 选定实体 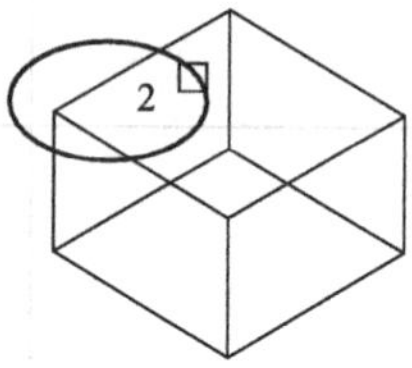 选定对象 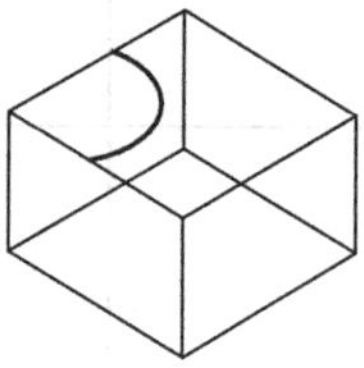 压印在实体上了对象
分割实体	用不相连的体将一个三维实体对象分割为几个独立的三维实体对象	
抽壳	用指定的厚度创建一个空的薄层。可以为所有面指定一个固定的薄层厚度。通过选择面可以将这些面排除在壳外	 选定面  抽壳偏移=0.5  抽壳偏移=-0.5
清除	删除共享边以及那些在边或顶点具有相同表面或曲线定义的顶点	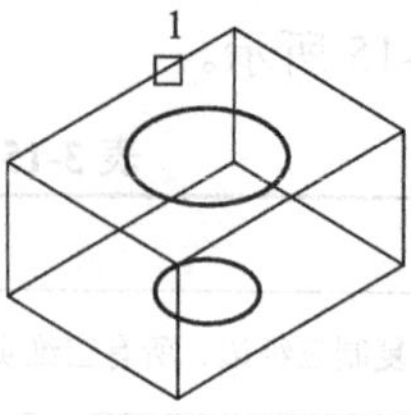 选定实体 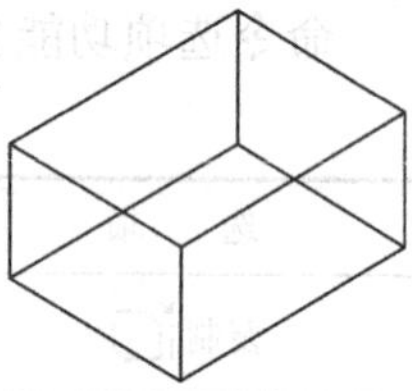 清除了实体
检查	检查三维对象是否有效的实体	

三、三维实体绘制

① 使用圆柱命令绘制$\phi 60\times 8$的底面圆柱体（图 3-46）。

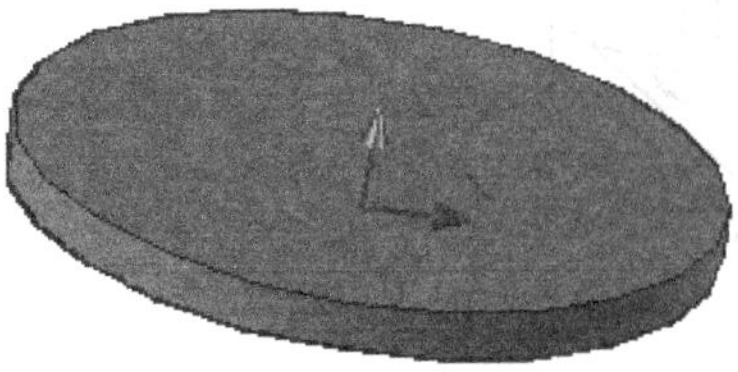

图 3-46　绘制 ϕ60×8 的圆柱体

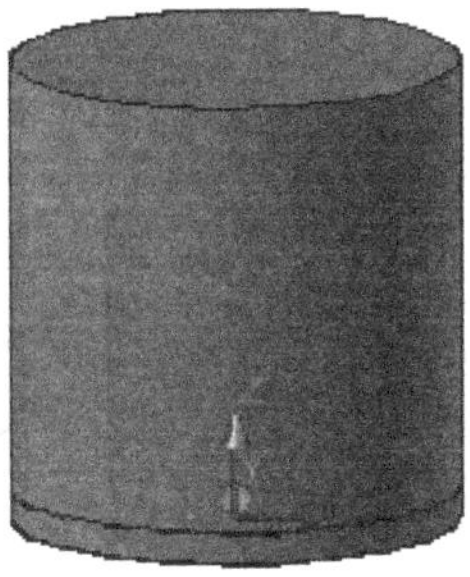

图 3-47　绘制 ϕ60×112 的圆柱体

② 使用圆柱命令绘制ϕ60×112 的圆柱体，用于抽壳形成茶杯腔体（图 3-47）。
③ 变换坐标系绘制茶杯手柄的截面圆（图 3-48）。
④ 变换坐标系绘制茶杯手柄的扫掠路径（图 3-49）。

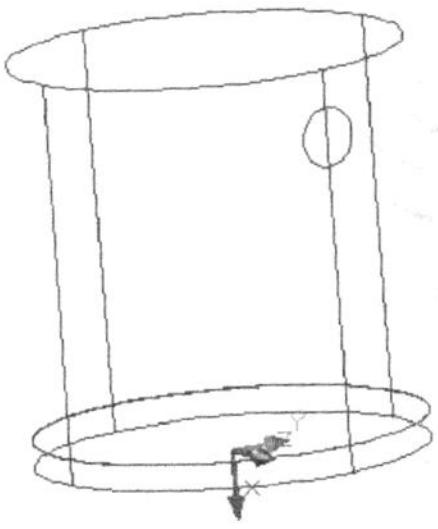

图 3-48　绘制茶杯手柄的截面圆

图 3-49　绘制茶杯手柄的扫掠路径

⑤ 使用扫掠生成茶杯手柄实体（图 3-50）。
⑥ 对ϕ60×112 圆柱体抽壳，删除面为上、下圆面（图 3-51）。
⑦ 使用布尔运算中的并集将所有实体合并成一个整体（图 3-52）。

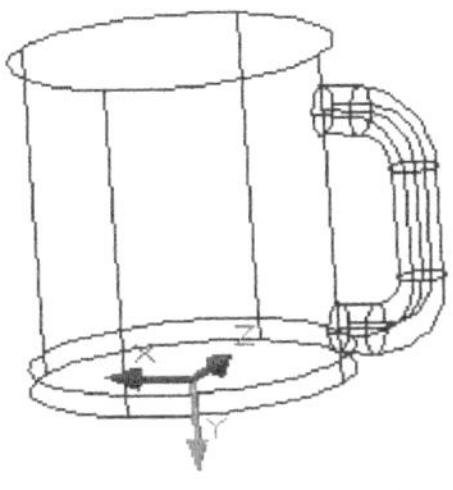

图 3-50　扫掠生成手柄实体

图 3-51　抽壳

图 3-52　使用布尔并集运算

习　　题

1. 绘制如图 3-53 所示的图形。
2. 绘制如图 3-54 所示的图形。
3. 绘制如图 3-55 所示的图形。

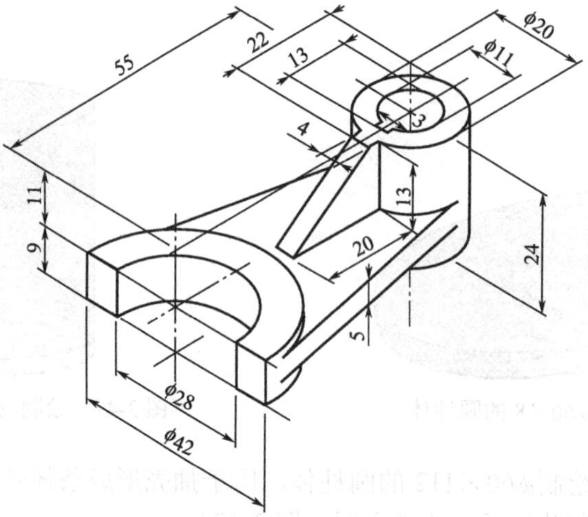

图 3-53　习题 1 图

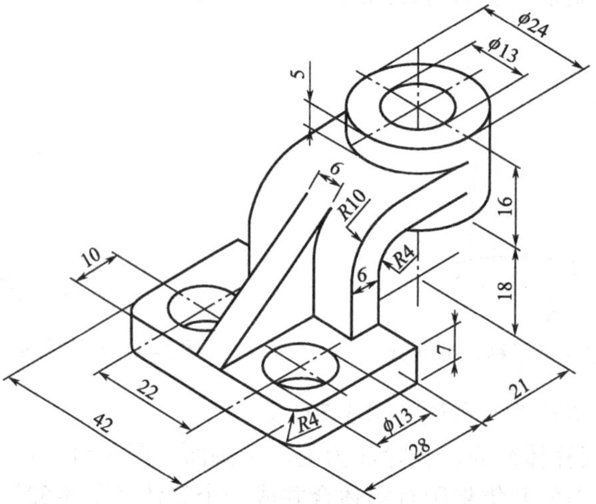

图 3-54　习题 2 图

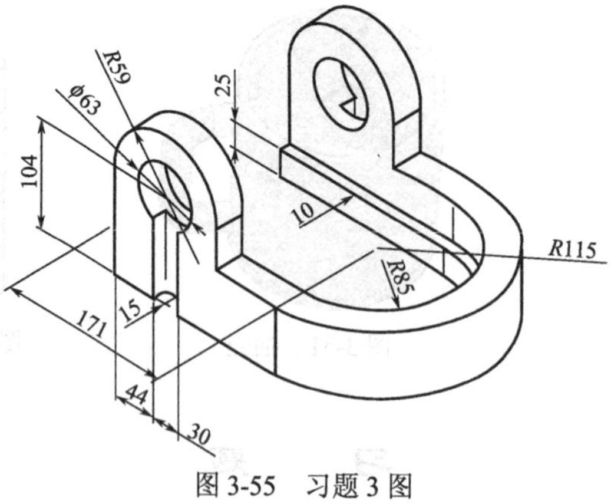

图 3-55　习题 3 图

附　录

附录一　平面绘图练习（提高篇）

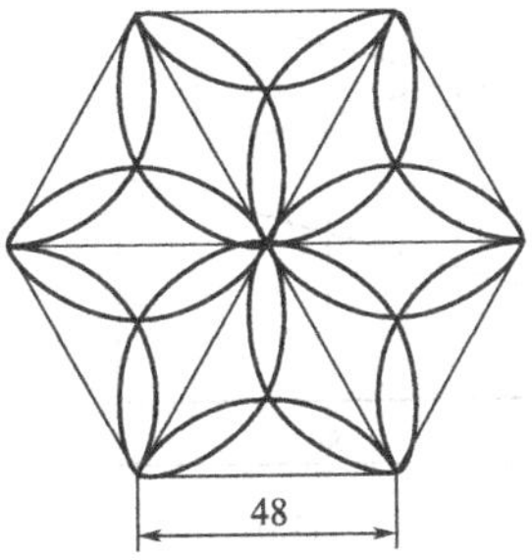

(1)

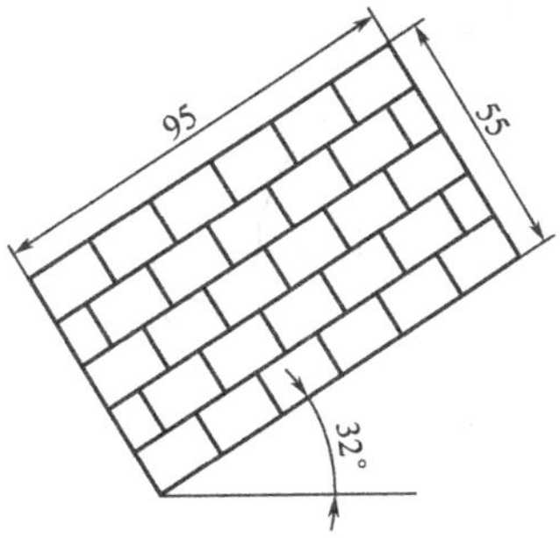

(2)

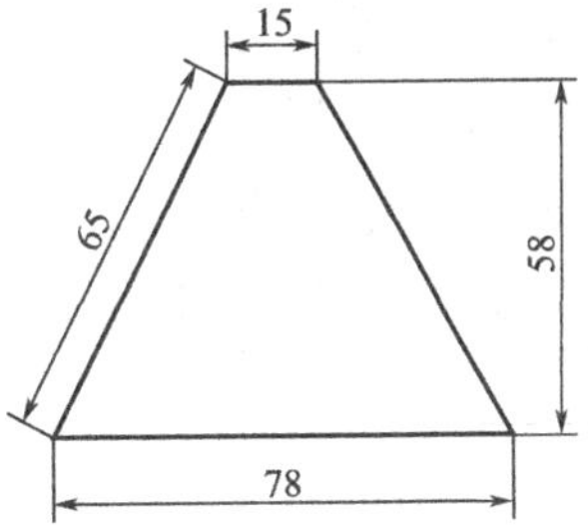

(3)

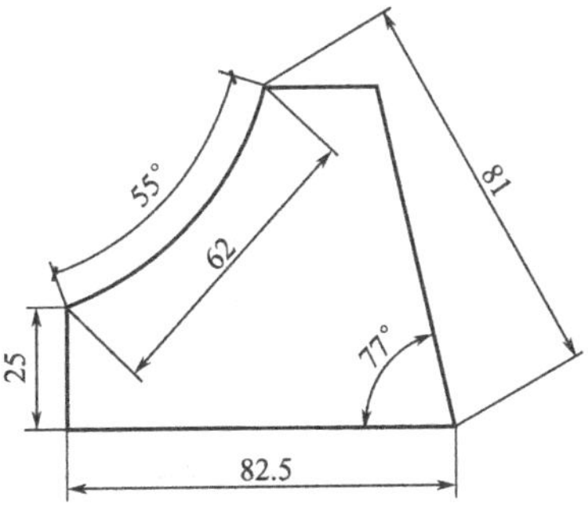

(4)

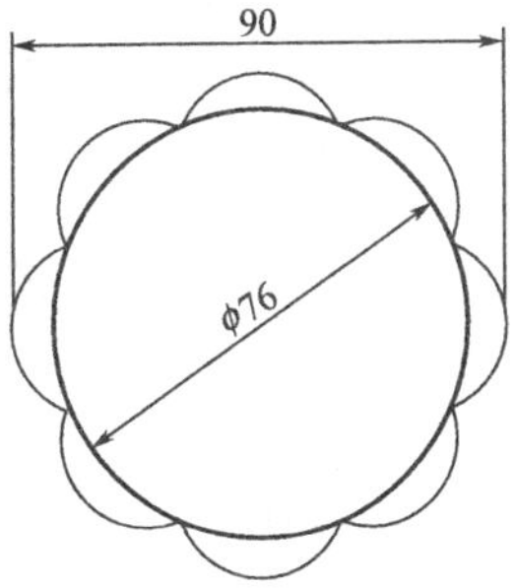

(5)

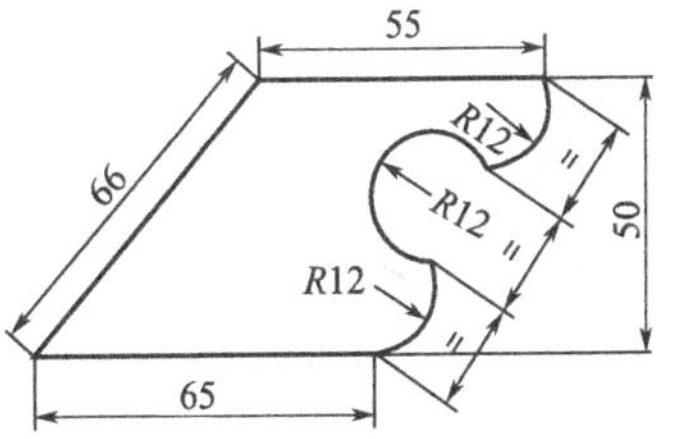

(6)

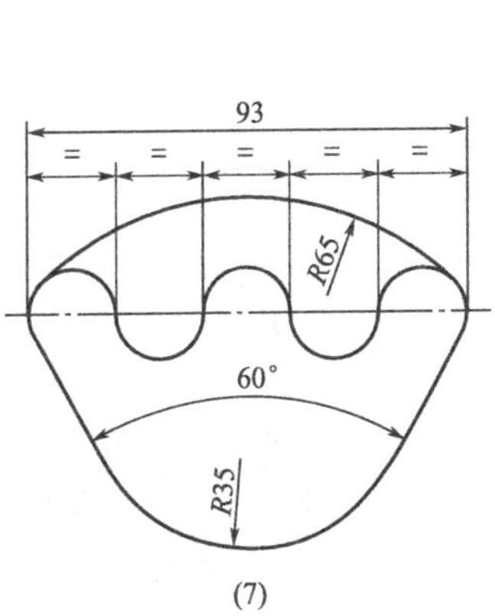

(7)

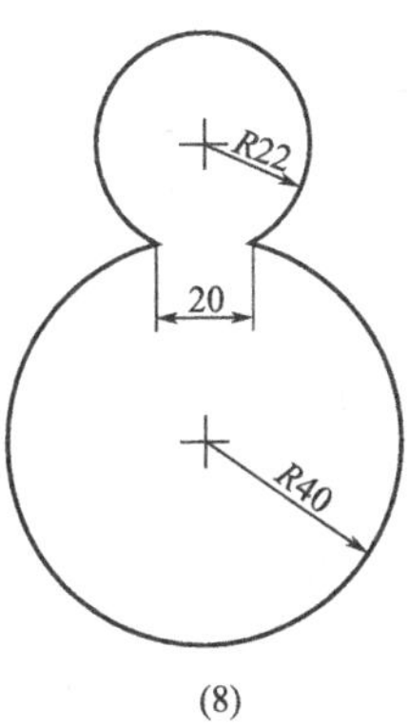

(8)

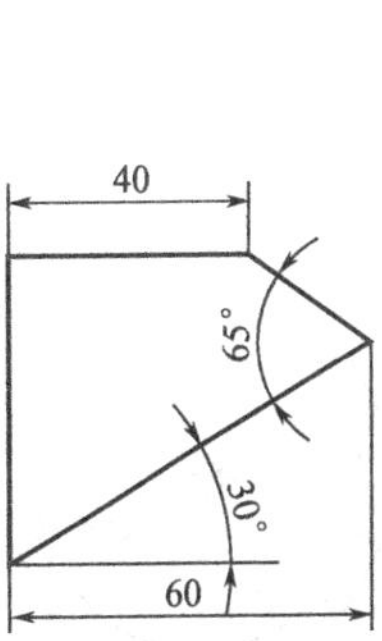

(9)

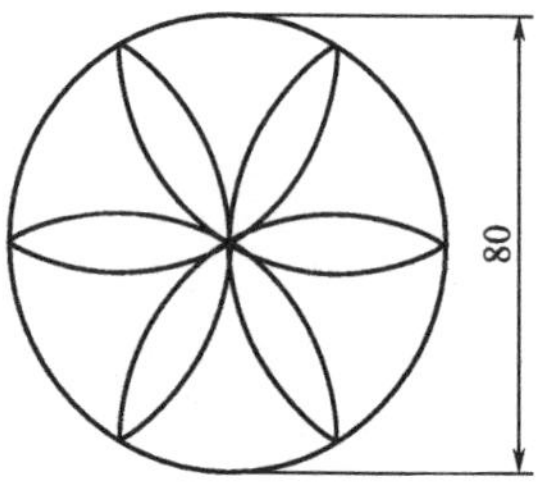

(10)

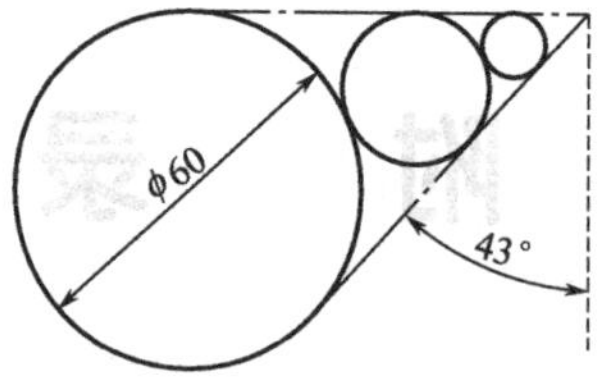

(11)

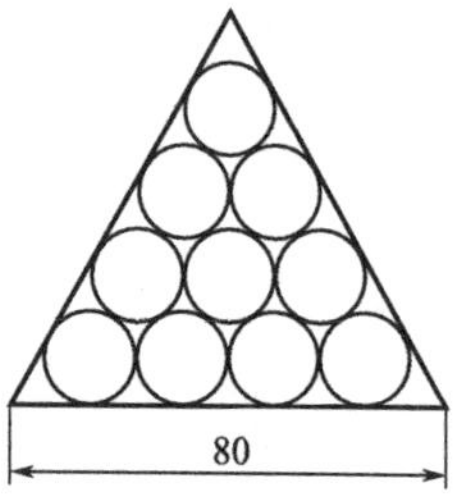

(12)

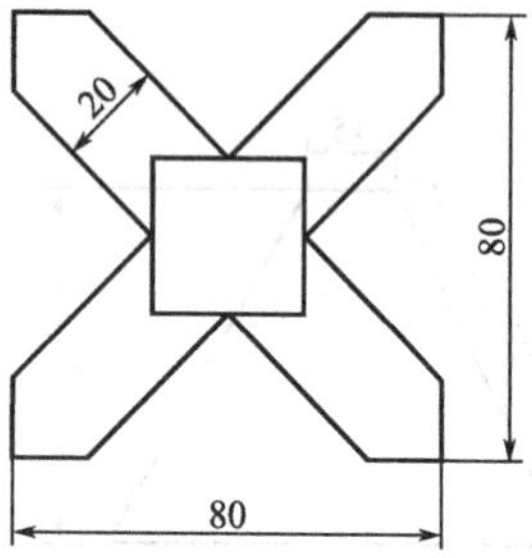

(13)

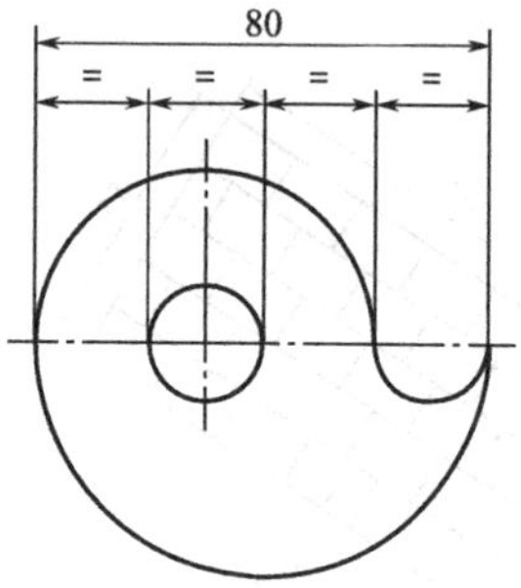

(14)

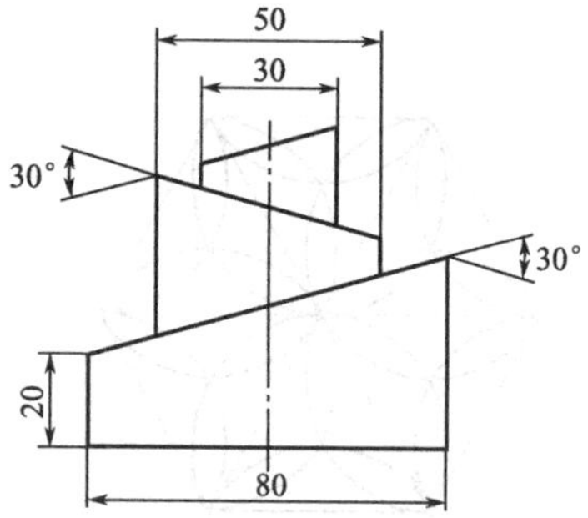

(15)

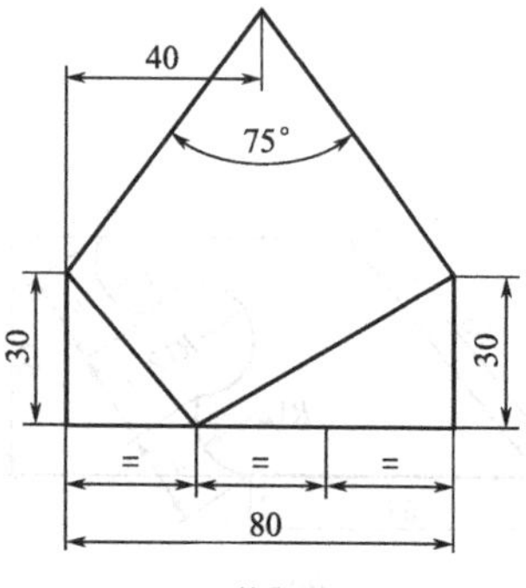

(16)

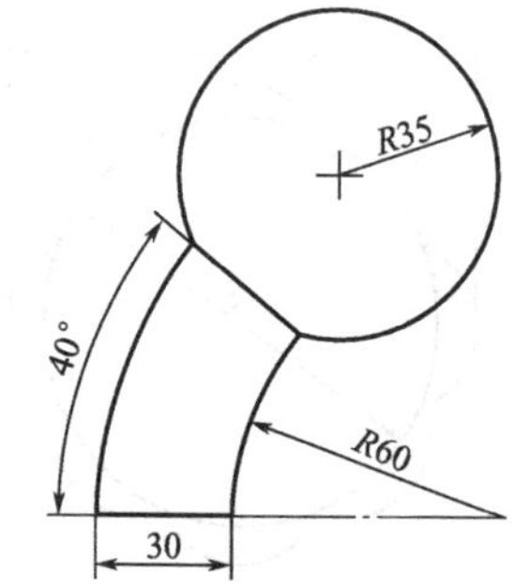

(17)

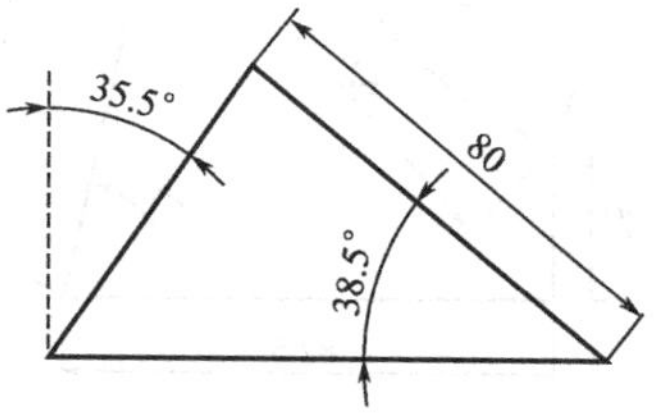

(18)

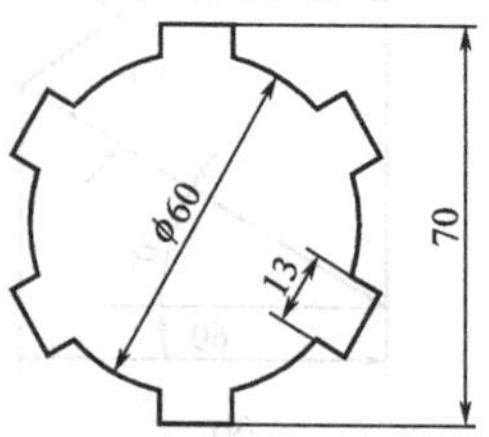

(19)

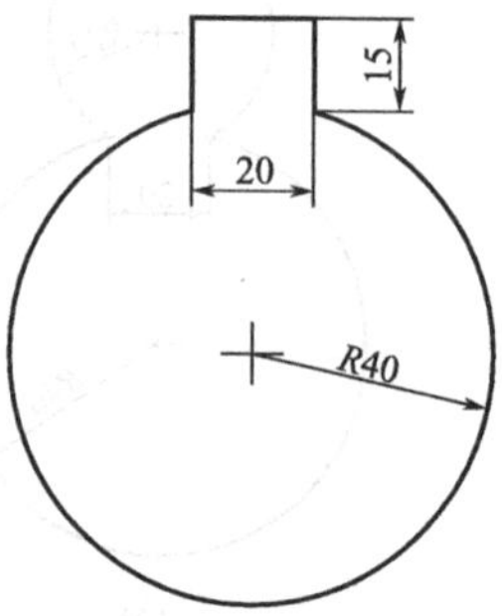

(20)

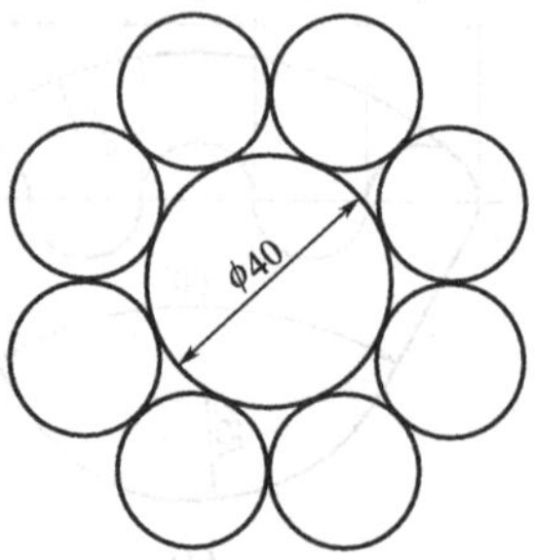

(21)

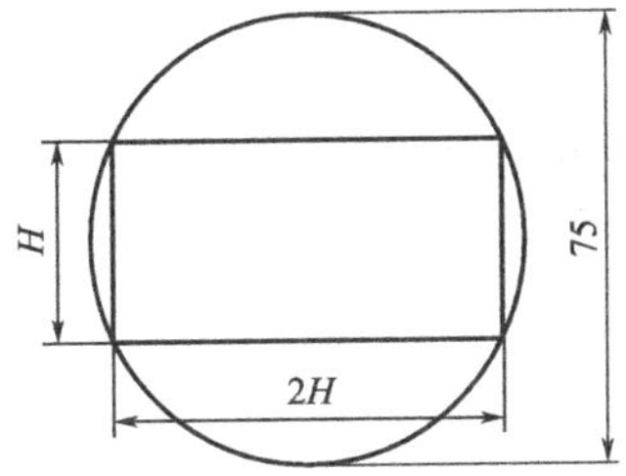

(22)

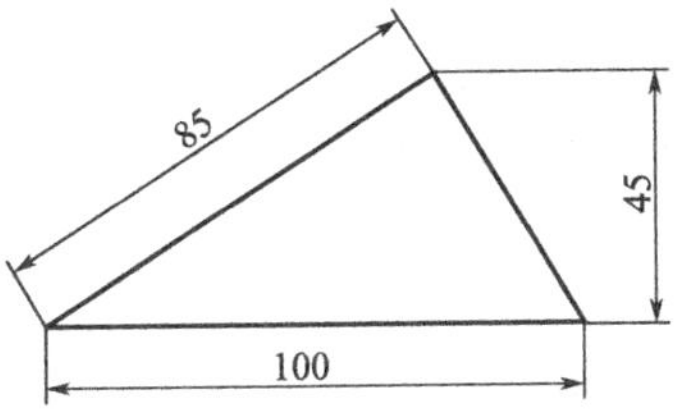

(23)

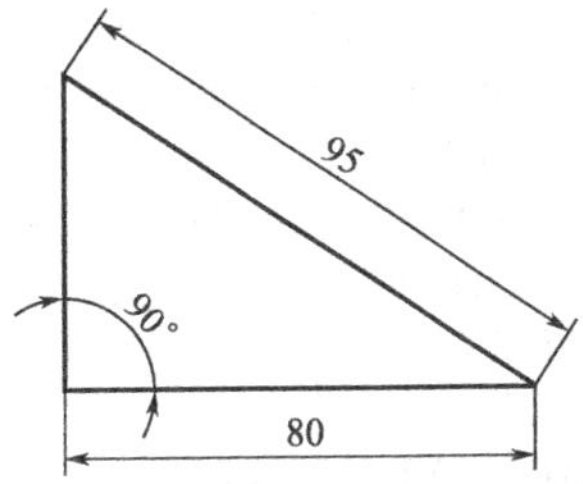

(24)

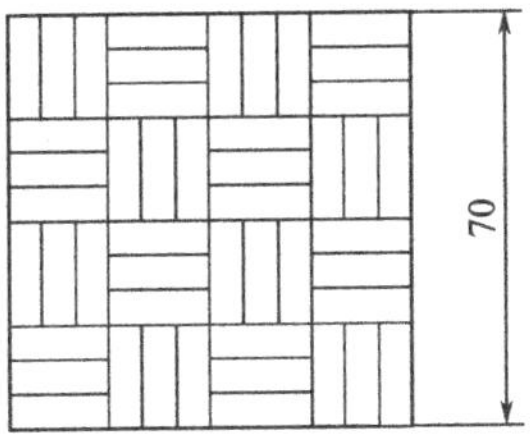

(25)

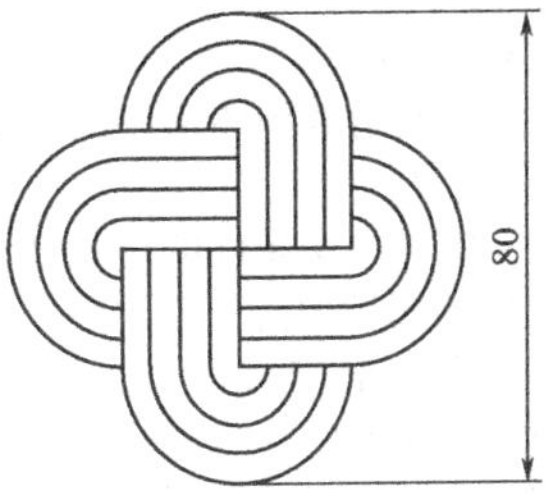

(26)

附录二　AutoCAD 命令与功能

3D　命令用于在可以隐藏、着色或渲染的常见几何体中创建三维多边形网格对象
3DALIGN　在二维和三维空间中将对象与其他对象对齐
3DARRAY　创建三维阵列
3DCLIP　启动交互式三维视图并打开“调整剪裁平面”窗口
3DCONFIG　提供三维图形系统配置设置
3DCORBIT　启用交互式三维视图并将对象设置为连续运动
3DDISTANCE　启用交互式三维视图并使对象看起来更近或更远
3DDWF　创建三维模型的三维 DWF 文件并将其显示在 DWF Viewer 中
3DFACE　在三维空间中的任意位置创建三侧面或四侧面
3DFLY　交互式更改三维图形的视图，使用户就像在模型中飞行一样
3DFORBIT　使用不受约束的动态观察，控制三维中对象的交互式查看
3DMESH　创建自由格式的多边形网格
3DMOVE　在三维视图中显示移动夹点工具，并沿指定方向将对象移动指定距离
3DORBIT　控制在三维空间中交互式查看对象
3DORBITCTR　在三维动态观察视图中设置旋转的中心
3DPAN　图形位于“透视”视图时，启用交互式三维视图并允许用户水平和垂直拖动视图
3DPOLY　在三维空间创建多段线
3DROTATE　在三维视图中显示旋转夹点工具并围绕基点旋转对象
3DSIN　输入 3D Studio (3DS) 文件
3DSWIVEL　沿拖动的方向更改视图的目标
3DWALK　交互式更改三维图形的视图，使用户就像在模型中漫游一样
3DZOOM　在透视视图中放大和缩小
ABOUT　显示关于 AutoCAD 的信息
ACISIN　输入 ACIS 文件并在图形中创建体对象、实体或面域
ACISOUT　将体对象、实体或面域输出到 ACIS 文件
ADCCLOSE　关闭设计中心
ADCENTER　管理和插入块、外部参照和填充图案等内容
ADCNAVIGATE　加载指定的设计中心图形文件、文件夹或网络路径
ALIGN　在二维和三维空间中将对象与其他对象对齐

AMECONVERT 将 AME 实体模型转换为 AutoCAD 实体对象
ANIPATH 保存在三维模型中沿路径的动画
ANNORESET 将 annotative 对象的所有比例表示法的位置重置为当前比例表示法的位置
ANNOUPDATE 更新现有的 annotative 对象，使之与其样式的当前特性相匹配
APERTURE 控制对象捕捉靶框大小
APPLOAD 加载和卸载应用程序，定义要在启动时加载的应用程序
ARC 创建圆弧
ARCHIVE 将当前要归档的图纸集文件打包
AREA 计算对象或指定区域的面积和周长
ARRAY 创建按指定方式排列的多个对象副本
ARX 加载、卸载 ObjectARX 应用程序并提供相关信息
ATTACHURL 将超链接附着到图形中的对象或区域
ATTDEF 创建属性定义
ATTDISP 全局控制图形中块属性的可见性
ATTEDIT 更改块中的属性信息
ATTEXT 将与块关联的属性数据、文字信息提取到文件中
ATTIPEDIT 更改块中属性的文本内容
ATTREDEF 重定义块并更新关联属性
ATTSYNC 用块的当前属性定义更新指定块的全部实例
AUDIT 检查图形的完整性并更正某些错误
AUTOPUBLISH 将图形自动发布到 DWF 文件
BACKGROUND 旧式的，BACKGROUND 功能已合并到 VIEW 命令中
BACTION 向动态块定义中添加动作
BACTIONSET 指定与动态块定义中的动作相关联的对象选择集
BACTIONTOOL 向动态块定义中添加动作
BASE 设置当前图形的插入基点
BASSOCIATE 将动作与动态块定义中的参数相关联
BATTMAN 编辑块定义的属性特性
BATTORDER 指定块属性的顺序
BAUTHORPALETTE 打开块编辑器中的“块编写选项板”窗口
BAUTHORPALETTECLOSE 关闭块编辑器中的“块编写选项板”窗口
BCLOSE 关闭块编辑器
BCYCLEORDER 更改动态块参照夹点的循环次序
BEDIT 打开“编辑块定义”对话框，然后打开块编辑器
BGRIPSET 创建、删除或重置与参数相关联的夹点
BHATCH 用填充图案或渐变填充来填充封闭区域或选定对象
BLIPMODE 控制点标记的显示
BLOCK 根据选定对象创建块定义
BLOCKICON 为 AutoCAD 设计中心中显示的块生成预览图像
BLOOKUPTABLE 显示或创建动态块定义查寻表
BMPOUT 按与设备无关的位图格式将选定对象保存到文件中
BOUNDARY 从封闭区域创建面域或多段线
BOX 创建三维实体长方体
BPARAMETER 向动态块定义中添加带有夹点的参数
BREAK 在两点之间打断选定对象
BREP 从三维实体图元和复合实体中删除历史记录
BROWSER 启动系统注册表中定义的默认 Web 浏览器
BSAVE 保存当前块定义
BSAVEAS 用新名称保存当前块定义的副本
BVHIDE 使对象在动态块定义中的当前可见性状态或所有可见性状态中不可见
BVSHOW 使对象在动态块定义中的当前可见性状态或所有可见性状态中均可见

BVSTATE　创建、设置或删除动态块中的可见性状态
CAL　计算数学和几何表达式
CAMERA　设置相机位置和目标位置，以创建并保存对象的三维透视视图
CHAMFER　给对象加倒角
CHANGE　修改现有对象的特性
CHECKSTANDARDS　检查当前图形的标准冲突情况
CHPROP　更改对象的特性
CHSPACE　将对象从模型空间移至图纸空间，或将其从图纸空间移至模型空间
CIRCLE　创建圆
CLEANSCREENOFF　恢复工具栏和可固定窗口（命令行除外）的显示
CLEANSCREENON　清除工具栏和可固定窗口（命令行除外）的屏幕
CLOSE　关闭当前图形
CLOSEALL　关闭当前所有打开的图形
COLOR　设置新对象的颜色
COMMANDLINE　显示命令行
COMMANDLINEHIDE　隐藏命令行
COMPILE　将形文件和 PostScript 字体文件编译成 SHX 文件
CONE　创建圆锥体
CONVERT　优化在 AutoCAD R13 或早期版本中创建的二维多段线和关联填充
CONVERTCTB　将颜色相关的打印样式表 (CTB) 转换为命名打印样式表 (STB)
CONVERTOLDLIGHTS　将早期版本中创建的光源转换为 AutoCAD 2007 格式的光源
CONVERTOLDMATERIALS　将早期版本中创建的材质转换为 AutoCAD 2007 格式的材质
CONVERTPSTYLES　将当前图形转换为命名或颜色相关打印样式
CONVTOSOLID　将具有厚度的多段线和圆转换为三维实体
CONVTOSURFACE　将对象转换为曲面
COPY　在指定方向上按指定距离复制对象
COPYBASE　使用指定基点复制对象
COPYCLIP　将对象或命令提示文本复制到剪贴板
COPYHIST　将命令提示历史纪录文字复制到剪贴板
COPYLINK　将当前视图复制到剪贴板中以便链接到其他 OLE 应用程序
COPYTOLAYER　将一个或多个对象复制到其他图层
CUI　管理自定义用户界面元素，例如工作空间、工具栏、菜单、快捷菜单和键盘快捷键
CUIEXPORT　将自定义设置输出到企业 CUI 文件或局部 CUI 文件中
CUIIMPORT　将自定义设置从企业或局部 CUI 文件中输入到 acad.cui 中
CUILOAD　加载 CUI 文件
CUIUNLOAD　卸载 CUI 文件
CUSTOMIZE　自定义工具选项板和工具选项板组
CUTCLIP　将对象复制到剪贴板并从图形中删除对象
CYLINDER　创建一个以圆或椭圆为底面和顶面的三侧三维实体
DASHBOARD　打开“面板”窗口
DASHBOARDCLOSE　关闭“面板”窗口
DATAEXTRACTION　将对象特性、块属性和图形信息输出到数据提取处理表或外部文件中，并指定 Excel 电子表格的数据链接
DATALINK　显示“数据链接管理器”
DATALINKUPDATE　将数据更新至已建立的外部数据链接或从已建立的外部数据链接更新数据
DBCONNECT　提供到外部数据库表的接口
DBLIST　列出图形中每个对象的数据库信息
DDEDIT　编辑单行文字、标注文字、属性定义和特征控制框
DDPTYPE　指定点对象的显示样式及大小
DDVPOINT　设置三维观察方向
DELAY　在脚本文件中提供指定时间的暂停

DETACHURL　删除图形中的超链接
DGNADJUST　更改选定的 DGN 参考底图的显示选项
DGNATTACH　将 DGN 参考底图附着到当前图形
DGNCLIP　定义选定的 DGN 参考底图的剪裁边界
DGNEXPORT　从当前图形创建一个或多个 V8 DGN 文件
DGNIMPORT　将数据从 V8 DGN 文件输入到新 DWG 文件中
DIM 和 DIM1　访问标注模式
DIMALIGNED　创建对齐线性标注
DIMANGULAR　创建角度标注
DIMARC　创建圆弧长度标注
DIMBASELINE　从上一个标注或选定标注的基线处创建线性标注、角度标注或坐标标注
DIMBREAK　添加或删除标注打断
DIMCENTER　创建圆和圆弧的圆心标记或中心线
DIMCONTINUE　从上一个标注或选定标注的第二条尺寸界线处创建线性标注、角度标注或坐标标注
DIMDIAMETER　创建圆和圆弧的直径标注
DIMDISASSOCIATE　删除选定标注的关联性
DIMEDIT　编辑标注对象上的标注文字和尺寸界线
DIMINSPECT　创建或删除检验标注
DIMJOGGED　创建折弯半径标注
DIMJOGLINE　在线性标注或对齐标注中添加或删除折弯线
DIMLINEAR　创建线性标注
DIMORDINATE　创建坐标点标注
DIMOVERRIDE　替代尺寸标注系统变量
DIMRADIUS　创建圆和圆弧的半径标注
DIMREASSOCIATE　将选定标注与几何对象相关联
DIMREGEN　更新所有关联标注的位置
DIMSPACE　对平行线性标注和角度标注之间的间距做同样的调整
DIMSTYLE　创建和修改标注样式
DIMTEDIT　移动和旋转标注文字
DIST　测量两点之间的距离和角度
DISTANTLIGHT　创建平行光
DIVIDE　将点对象或块沿对象的长度或周长等间隔排列
DONUT　绘制填充的圆和环
DRAGMODE　控制拖动对象的显示方式
DRAWINGRECOVERY　显示可以在程序或系统失败后修复的图形文件的列表
DRAWINGRECOVERYHIDE　关闭“图形修复管理器”
DRAWORDER　修改图像和其他对象的绘图顺序
DSETTINGS　设置栅格和捕捉、极轴和对象捕捉追踪、对象捕捉模式和动态输入
DSVIEWER　打开“鸟瞰视图”窗口
DVIEW　使用相机和目标来定义平行投影或透视视图
DWFADJUST　允许在命令提示下调整 DWF 参考底图
DWFATTACH　将 DWF 参考底图附着到当前图形
DWFCLIP　使用剪裁边界来定义 DWF 参考底图的子面域
DWFLAYERS　控制 DWF 参考底图中图层的显示
DWGPROPS　设置和显示当前图形的特性
DXBIN　输入特殊编码的二进制文件
EATTEDIT　在块参照中编辑属性
EATTEXT　将特性数据从对象、块属性信息和图形信息输出到表格或外部文件
EDGE　修改三维面的边的可见性
EDGESURF　创建三维多边形网格
ELEV　设置新对象的标高和拉伸厚度

ELLIPSE　创建椭圆或椭圆弧
ERASE　从图形中删除对象
ETRANSMIT　将一组文件打包以进行 Internet 传递
EXPLODE　将合成对象分解为其部件对象
EXPORT　以其他文件格式保存对象
EXPORTTOAUTOCAD　创建分解所有 AEC 对象的新 DWG 文件
EXTEND　将对象延伸到另一对象
EXTERNALREFERENCES　显示“外部参照”选项板
EXTERNALREFERENCESCLOSE　关闭“外部参照”选项板
EXTRUDE　通过沿指定的方向将对象或平面拉伸出指定距离来创建三维实体或曲面
FIELD　创建带字段的多行文字对象，该对象可以随着字段值的更改而自动更新
FILL　控制诸如图案填充、二维实体和宽多段线等对象的填充
FILLET　给对象加圆角
FILTER　创建一个要求列表，对象必须符合这些要求才能包含在选择集中
FIND　查找、替换、选择或缩放到指定的文字
FLATSHOT　创建当前视图中所有三维对象的二维表示
FOG　已废弃
FREESPOT　创建与未指定目标的聚光灯相似的自由聚光灯
FREEWEB　创建与光域灯光相似但未指定目标的自由光域灯光
GEOGRAPHICLOCATION　指定某个位置的纬度和经度
GOTOURL　打开文件或与附加到对象的超链接关联的网页
GRADIENT　使用渐变填充填充封闭区域或选定对象
GRAPHSCR　从文本窗口切换到绘图区域
GRID　在未打印的当前视口中显示栅格
GROUP　创建和管理已保存的对象集（称为编组）
HATCH　用填充图案、实体填充或渐变填充填充封闭区域或选定对象
HATCHEDIT　修改现有的图案填充或填充
HELIX　创建二维螺旋或三维螺旋
HELP　显示帮助
HIDE　重生成不显示隐藏线的三维线框模型
HLSETTINGS　控制模型的显示特性
HYPERLINK　在对象上附着超链接或修改现有超链接
HYPERLINKOPTIONS　控制超链接光标、工具栏提示和快捷菜单的显示
ID　显示位置的坐标
IMAGE　显示“外部参照”选项板
IMAGEADJUST　控制图像的亮度、对比度和褪色度
IMAGEATTACH　将新的图像附着到当前图形
IMAGECLIP　使用剪裁边界定义图像对象的 Subregion
IMAGEFRAME　控制是否显示和打印图像边框
IMAGEQUALITY　控制图像的显示质量
IMPORT　以不同格式输入文件
IMPRINT　将边压印到三维实体上
INSERT　将图形或命名块放到当前图形中
INSERTOBJ　插入链接对象或内嵌对象
INTERFERE　亮显重叠的三维实体
INTERSECT　从两个或多个实体或面域的交集中创建复合实体或面域，然后删除交集外的区域
ISOPLANE　指定当前等轴测平面
JOGSECTION　将折弯线段添加至截面对象
JOIN　将对象合并以形成一个完整的对象
JPGOUT　将选定对象保存为 JPEG 文件格式的文件
JUSTIFYTEXT　改变选定文字对象的对齐点而不改变其位置

LAYCUR　将选定对象所在的图层更改为当前图层
LAYDEL　删除选定对象所在的图层和图层上的所有对象，然后从图形中清理图层
LAYER　管理图层和图层特性
LAYERP　放弃对图层设置所做的上一个或一组更改
LAYERPMODE　打开或关闭对图层设置所做更改的追踪
LAYERSTATE　保存、恢复和管理已命名的图层状态
LAYFRZ　冻结选定对象所在的图层
LAYISO　隐藏或锁定除选定对象所在图层外的所有图层
LAYLCK　锁定选定对象所在的图层
LAYMCH　更改选定对象所在的图层，以使其匹配目标图层
LAYMCUR　将选定对象所在的图层设置为当前图层
LAYMRG　将选定的图层合并到目标图层
LAYOFF　关闭选定对象所在的图层
LAYON　打开所有图层
LAYOUT　创建并修改图形布局选项卡
LAYOUTWIZARD　创建新的布局选项卡并指定页面和打印设置
LAYTHW　解冻所有图层
LAYTRANS　将图形的图层更改为指定的图层标准
LAYULK　解锁选定对象所在的图层
LAYUNISO　打开使用上一个 LAYISO 命令关闭的图层
LAYVPI　将对象的图层隔离到当前视口
LAYWALK　动态显示图形中的图层
LEADER　创建连接注释与几何特征的引线
LENGTHEN　修改对象的长度和圆弧的包含角
LIGHT　创建光源
LIGHTLIST　打开“模型中的光源”窗口以添加和修改光源
LIGHTLISTCLOSE　关闭“模型中的光源”窗口
LIMITS　在当前的“模型”或布局选项卡上，设置并控制栅格显示的界限
LINE　创建直线段
LINETYPE　加载、设置和修改线型
LIST　显示选定对象的数据库信息
LIVESECTION　打开选定截面对象的活动截面
LOAD　为 SHAPE 命令加载可调用的形
LOFT　通过一组两个或多个曲线之间放样来创建三维实体或曲面
LOGFILEOFF　关闭 LOGFILEON 命令打开的文本窗口日志文件
LOGFILEON　将文本窗口中的内容写入文件
LTSCALE　设置全局线型比例因子
LWEIGHT　设置当前线宽、线宽显示选项和线宽单位
MARKUP　显示标记的详细信息并允许用户更改其状态
MARKUPCLOSE　关闭标记集管理器
MASSPROP　计算面域或三维实体的质量特性
MATCHCELL　将选定表格单元的特性应用到其他表格单元
MATCHPROP　将选定对象的特性应用到其他对象
MATERIALATTACH　将材质随层应用到对象
MATERIALMAP　显示材质贴图工具，以调整面或对象上的贴图
MATERIALS　管理、应用和修改材质
MATERIALSCLOSE　关闭“材质”窗口
MATLIB　已废弃
MEASURE　将点对象或块在对象上指定间隔处放置
MENU　加载自定义文件
MENULOAD　已废弃

MENUUNLOAD　已废弃
MINSERT　在矩形阵列中插入一个块的多个引用
MIRROR　创建对象的镜像图像副本
MIRROR3D　创建相对于某一平面的镜像对象
MLEADER　创建连接注释与几何特征的引线
MLEADERALIGN　沿指定的线组织选定的多重引线
MLEADERCOLLECT　将选定的包含块的多重引线作为内容组织为一组并附着到单引线
MLEADEREDIT　将引线添加至多重引线对象或从多重引线对象中删除引线
MLEADERSTYLE　定义新多重引线样式
MLEDIT　编辑多线交点、打断和顶点
MLINE　创建多条平行线
MLSTYLE　创建、修改和管理多线样式
MODEL　从布局选项卡切换到“模型”选项卡
MOVE　在指定方向上按指定距离移动对象
MREDO　恢复前面几个用 UNDO 或 U 命令放弃的效果
MSLIDE　创建当前模型视口或当前布局的幻灯文件
MSPACE　从图纸空间切换到模型空间视口
MTEDIT　编辑多行文字
MTEXT　将文字段落创建为单个多线（多行文字）文字对象
MULTIPLE　重复下一条命令直到被取消
MVIEW　创建并控制布局视口
MVSETUP　设置图形规格
NETLOAD　加载 .NET 应用程序
NEW　创建新图形
NEWSHEETSET　创建新图纸集
OBJECTSCALE　添加或删除 annotative 对象支持的比例
OFFSET　创建同心圆、平行线和平行曲线
OLELINKS　更新、改变和取消现有的 OLE 链接
OLESCALE　控制选定的 OLE 对象的大小、比例和其他特性
OOPS　恢复删除的对象
OPEN　打开现有的图形文件
OPENDWFMARKUP　打开包含标记的 DWF 文件
OPENSHEETSET　打开选定的图纸集
OPTIONS　自定义程序设置
ORTHO　限定光标在水平方向或垂直方向移动
OSNAP　设置执行对象捕捉模式
PAGESETUP　控制每个新建布局的页面布局、打印设备、图纸尺寸和其他设置
PAN　在当前视口中移动视图
PARTIALOAD　在局部打开的图形中加载附加几何图形
PARTIALOPEN　将选定视图或图层中的几何图形和命名对象加载到图形中
PASTEASHYPERLINK　将剪贴板中的数据作为超链接插入
PASTEBLOCK　将复制对象粘贴为块
PASTECLIP　插入剪贴板数据
PASTEORIG　使用原图形的坐标将复制的对象粘贴到新图形中
PASTESPEC　插入剪贴板数据并控制数据格式
PCINWIZARD　显示向导，将 PCP 和 PC2 配置文件中的打印设置输入到“模型”选项卡或当前布局中
PEDIT　编辑多段线和三维多边形网络
PFACE　逐点创建三维多面网格
PLAN　显示指定用户坐标系的平面视图
PLANESURF　创建平面曲面
PLINE　创建二维多段线

PLOT　将图形打印到绘图仪、打印机或文件
PLOTSTAMP　在每一个图形的指定角放置打印戳记并将其记录到文件中
PLOTSTYLE　设置新对象的当前打印样式或指定选定对象的打印样式
PLOTTERMANAGER　显示“绘图仪管理器”，从中可以添加或编辑绘图仪配置
PNGOUT　将选定对象保存为“便携式网络图形”格式的文件
POINT　创建点对象
POINTLIGHT　创建点光源
POLYGON　创建闭合的等边多段线
POLYSOLID　创建三维墙状多段体
PRESSPULL　按住或拖动有限区域
PREVIEW　显示图形的打印效果
PROPERTIES　控制现有对象的特性
PROPERTIESCLOSE　关闭“特性”选项板
PSETUPIN　将用户定义的页面设置输入到新的图形布局中
PSPACE　从模型空间视口切换到图纸空间
PUBLISH　将图形发布到 DWF 文件或绘图仪
PUBLISHTOWEB　创建包括选定图形的图像的网页
PURGE　删除图形中未使用的命名项目，例如块定义和图层
PYRAMID　创建三维实体棱锥面
QCCLOSE　关闭“快速计算”
QDIM　快速创建标注
QLEADER　创建引线和引线注释
QNEW　通过使用默认图形样板文件的选项启动新图形
QSAVE　用“选项”对话框中指定的文件格式保存当前图形
QSELECT　基于过滤条件创建选择集
QTEXT　控制文字和属性对象的显示和打印
QUICKCALC　打开“快速计算”计算器
QUICKCUI　以收拢状态显示“自定义用户界面”对话框
QUIT　退出程序
RAY　创建单向无限长的线
RECOVER　修复损坏的图形
RECOVERALL　修复损坏的图形和外部参照
RECTANG　绘制矩形多段线
REDEFINE　恢复被 UNDEFINE 忽略的 AutoCAD 内部命令
REDO　恢复上一个用 UNDO 或 U 命令放弃的效果
REDRAW　刷新当前视口中的显示
REDRAWALL　刷新显示所有视口
REFCLOSE　保存或放弃在位编辑参照（外部参照或块）时所做的修改
REFEDIT　选择要编辑的外部参照或块参照
REFSET　在位编辑参照（外部参照或块）时在工作集中添加或删除对象
REGEN　从当前视口重生成整个图形
REGENALL　重生成图形并刷新所有视口
REGENAUTO　控制图形的自动重生成
REGION　将包含封闭区域的对象转换为面域对象
REINIT　重初始化数字化仪、数字化仪的输入/输出端口和程序参数文件
RENAME　更改命名对象的名称
RENDER　创建三维线框或实体模型的照片级真实感着色图像
RENDERCROP　选择图像中要进行渲染的特定区域（修剪窗口）
RENDERENVIRONMENT　提供对象外观距离的视觉提示
RENDEREXPOSURE　提供设置以交互调整最近渲染的输出的全局光源
RENDERPRESETS　指定渲染预设和可重复使用的渲染参数来渲染图像

RENDERWIN　显示“渲染”窗口而不调用渲染任务
RENDSCR　已废弃
REPLAY　已废弃
RESETBLOCK　将一个或多个动态块参照重置为块定义的默认值
RESUME　继续执行被中断的脚本文件
REVCLOUD　创建由连续圆弧组成的多段线以构成云线形
REVOLVE　通过绕轴旋转二维对象来创建三维实体或曲面
REVSURF　创建绕选定轴旋转而成的旋转网格
RMAT　已废弃
ROTATE　围绕基点旋转对象
ROTATE3D　绕三维轴移动对象
RPREF　显示“高级渲染设置”选项板以访问高级渲染设置
RPREFCLOSE　关闭显示的“渲染设置”选项板
RSCRIPT　重复执行脚本文件
RULESURF　在两条曲线之间创建直纹网格
SAVE　用当前或指定的文件名保存图形
SAVEAS　用新文件名保存当前图形的副本
SAVEIMG　将渲染图像保存到文件
SCALE　在 *X*、*Y* 和 *Z* 方向按比例放大或缩小对象
SCALELISTEDIT　控制布局视口、页面布局和打印的可用缩放比例列表
SCALETEXT　增大或缩小选定文字对象而不改变其位置
SCRIPT　从脚本文件执行一系列命令
SECTION　用平面和实体的交集创建面域
SECTIONPLANE　以通过三维对象创建剪切平面的方式创建截面对象
SECURITYOPTIONS　使用“安全选项”对话框控制安全设置
SELECT　将选定对象置于“上一个”选择集中
SETBYLAYER　将选定对象的特性和“随块”设置更改为“随层”
SETIDROPHANDLER　为当前 Autodesk 应用程序指定 i-drop 内容的默认类型
SETUV　已废弃
SETVAR　列出或修改系统变量值
SHADEMODE　启动 VSCURRENT 命令
SHAPE　插入使用 LOAD 加载的形文件中的形
SHEETSET　打开图纸集管理器
SHEETSETHIDE　关闭“图纸集管理器”
SHELL　访问操作系统命令
SHOWMAT　已废弃
SIGVALIDATE　显示关于附加到文件的数字签名的信息
SKETCH　创建一系列徒手画线段
SLICE　用平面或曲面剖切实体
SNAP　规定光标按指定的间距移动
SOLDRAW　在用 SOLVIEW 命令创建的视口中生成轮廓图和剖视图
SOLID　创建实体填充的三角形和四边形
SOLIDEDIT　编辑三维实体对象的面和边
SOLPROF　在图纸空间中创建三维实体的轮廓图像
SOLVIEW　使用正交投影法创建布局视口以生成三维实体及体对象的多面视图与剖视图
SPACETRANS　计算布局中等价的模型空间和图纸空间长度
SPELL　检查图形中的拼写
SPHERE　创建三维实心球体
SPLINE　在指定的公差范围内把光滑曲线拟合成一系列的点
SPLINEDIT　编辑样条曲线或样条曲线拟合多段线
SPOTLIGHT　创建聚光灯

STANDARDS　管理标准文件与图形之间的关联性
STATUS　显示图形的统计信息、模式和范围
STLOUT　将实体存储到 ASCII 或二进制文件中
STRETCH　移动或拉伸对象
STYLE　创建、修改或设置命名文字样式
STYLESMANAGER　显示打印样式管理器
SUBTRACT　通过减操作合并选定的面域或实体
SUNPROPERTIES　打开“阳光特性”窗口并设置阳光的特性
SUNPROPERTIESCLOSE　关闭“阳光特性”窗口
SWEEP　通过沿路径扫掠二维曲线来创建三维实体或曲面
SYSWINDOWS　应用程序窗口与外部应用程序共享时，平铺窗口和图标
TABLE　在图形中创建空白表格对象
TABLEDIT　编辑表格单元中的文字
TABLEEXPORT　以 CSV 文件格式从表格对象输出数据
TABLESTYLE　定义新的表格样式
TABLET　校准、配置、打开和关闭已连接的数字化仪
TABSURF　沿路径曲线和方向矢量创建平移网格
TARGETPOINT　创建目标点光源
TASKBAR　控制图形在 Windows 任务栏上的显示方式
TEXT　创建单行文字对象
TEXTSCR　打开文本窗口
TEXTTOFRONT　将文字和标注置于图形中所有其他对象之前
THICKEN　通过加厚曲面创建三维实体
TIFOUT　将选定的对象以 TIFF 文件格式保存到文件中
TIME　显示图形的日期和时间统计信息
TINSERT　在表格单元中插入块
TOLERANCE　创建形位公差
TOOLBAR　显示、隐藏和自定义工具栏
TOOLPALETTES　打开“工具选项板”窗口
TOOLPALETTESCLOSE　关闭“工具选项板”窗口
TORUS　创建三维圆环形实体
TPNAVIGATE　显示指定的工具选项板或选项板组
TRACE　创建实线
TRANSPARENCY　控制两色图像的背景像素是否透明
TRAYSETTINGS　控制图标和通知在状态栏托盘中的显示
TREESTAT　显示关于图形当前空间索引的信息
TRIM　按其他对象定义的剪切边修剪对象
U　撤销上一次操作
UCS　管理用户坐标系
UCSICON　控制 UCS 图标的可见性和位置
UCSMAN　管理已定义的用户坐标系
UNDEFINE　允许应用程序定义的命令替代内部命令
UNDO　撤销命令的效果
UNION　通过添加操作合并选定面域或实体
UNITS　控制坐标和角度的显示格式和精度
UPDATEFIELD　手动更新图形中所选对象的字段
UPDATETHUMBSNOW　手动更新图纸集管理器中的图纸的微缩预览、图纸视图和模型空间视图
VBAIDE　显示 Visual Basic 编辑器
VBALOAD　将全局 VBA 工程加载到当前工作任务中
VBAMAN　加载、卸载、保存、创建、嵌入和提取 VBA 工程

VBARUN　运行 VBA 宏
VBASTMT　在 AutoCAD 命令行中执行 VBA 语句
VBAUNLOAD　卸载全局 VBA 工程
VIEW　保存和恢复命名视图、相机视图、布局视图和预设视图
VIEWPLOTDETAILS　显示关于完成的打印和发布作业的信息
VIEWRES　设置当前视口中对象的分辨率
VISUALSTYLES　创建和修改视觉样式，并将视觉样式应用到视口
visualstylesclose　关闭“视觉样式管理器”
VLISP　显示 Visual LISP 交互式开发环境 (IDE)
VPCLIP　剪裁视口对象并调整视口边界形状
VPLAYER　设置视口中图层的可见性
VPMAX　展开当前布局视口以进行编辑
VPMIN　恢复当前布局视口
VPOINT　设置图形的三维直观观察方向
VPORTS　在模型空间或图纸空间中创建多个视口
VSCURRENT　设定当前视口的视觉样式
VSLIDE　在当前视口中显示图像幻灯文件
VSSAVE　保存视觉样式
VTOPTIONS　将视图中的改变显示为平滑过渡
WALKFLYSETTINGS　指定漫游和飞行设置
WBLOCK　将对象或块写入新图形文件
WEBLIGHT　创建光域灯光
WEDGE　创建五面三维实体，并使其倾斜面沿 X 轴方向
WHOHAS　显示打开的图形文件的所有权信息
WIPEOUT　使用空白区域覆盖现有对象
WMFIN　输入 Windows 图元文件
WMFOPTS　设置 WMFIN 选项
WMFOUT　将对象保存到 Windows 图元文件
WORKSPACE　创建、修改和保存工作空间，并将其设置为当前工作空间
WSSAVE　保存工作空间
WSSETTINGS　设置工作空间的选项
ATTACH　将外部参照附着到当前图形
XBIND　将外部参照中命名对象的一个或多个定义绑定到当前图形
XCLIP　定义外部参照或块剪裁边界，并设置前剪裁平面和后剪裁平面
XEDGES　通过从三维实体或曲面中提取边来创建线框
XLINE　创建无限长的线
XOPEN　在新窗口中打开选定的图形参照（外部参照）
XPLODE　将合成对象分解为其部件对象
XREF　启动 EXTERNALREFERENCES 命令
ZOOM　放大或缩小显示当前视口中对象的外观尺寸

附录三　AutoCAD 快捷键与功能

ALT+F11 显示 Visual Basic 编辑器
ALT+F8 显示“宏”对话框
CTRL+0 切换“清除屏幕”
CTRL+1 切换“特性”选项板
CTRL+2 切换设计中心
CTRL+3 切换“工具选项板”窗口
CTRL+4 切换“图纸集管理器”
CTRL+5 切换“信息选项板”
CTRL+6 切换“数据库连接管理器”
CTRL+7 切换“标记集管理器”
CTRL+8 切换“快速计算器”选项板
CTRL+9 切换命令窗口
CTRL+A 选择图形中的对象
CTRL+SHITF+A 切换组
CTRL+B 切换捕捉
CTRL+C 将对象复制到剪贴板

CTRL+SHIFT+C 使用基点将对象复制到剪贴板
CTRL+D 切换“动态 UCS”
CTRL+E 在等轴测平面之间循环
CTRL+F 切换执行对象捕捉
CTRL+G 切换栅格
CTRL+H 切换 PICKSTYLE
CTRL+I 切换 COORDS
CTRL+J 重复上一个命令
CTRL+L 切换正交模式
CTRL+M 重复上一个命令
CTRL+N 创建新图形
CTRL+O 打开现有图形
CTRL+P 打印当前图形
CTRL+R 在布局视口之间循环
CTRL+S 保存当前图形
CTRL+SHIFT+S 弹出“另存为”对话框
CTRL+T 切换数字化仪模式
CTRL+V 粘贴剪贴板中的数据
CTRL+SHIFT+V 将剪贴板中的数据粘贴为块
CTRL+X 将对象剪切到剪贴板
CTRL+Y 取消前面的“放弃”动作
CTRL+Z 撤销上一个操作
CTRL+[取消当前命令
CTRL+\ 取消当前命令
CTRL+PAGE UP 移至当前选项卡左边的下一个布局选项卡
CTRL+PAGE DOWN 移至当前选项卡右边的下一个布局选项卡
ALT+F8 显示“宏”对话框
F1 显示帮助
F2 切换文本窗口
F3 切换 OSNAP
F4 切换 TABMODE
F5 切换 ISOPLANE
F6 切换 UCSDETECT
F7 切换 GRIDMODE
F8 切换 ORTHOMODE
F9 切换 SNAPMODE
F10 切换“极轴追踪”
F11 切换“对象捕捉追踪”
F12 切换“动态输入”

参 考 文 献

[1] 黄和平，梁飞. 中文版 AutoCAD 2007 实用教程. 北京：清华大学出版社，2006.
[2] 张宪立. AutoCAD 2008 机械制图案例教程. 北京：人民邮电出版社，2008.
[3] 程甘时. CAD/CAM 技术——AutoCAD 实训. 北京：中国劳动社会保障出版社，2008.
[4] 李兆宏. AutoCAD 2008 机械制图案例教程. 北京：人民邮电出版社，2008.
[5] 姜军. AutoCAD 2008 中文版机械制图应用与实例教程. 北京：人民邮电出版社，2008.
[6] 叶丽明. AutoCAD 2008 基础及应用. 北京：化学工业出版社，2009.